大型調査船で沖合に出て調査を行います

採水

海底土の採取

福島第一原発の近くで表層水の採取を行っている様子

口絵１　海洋での放射能調査

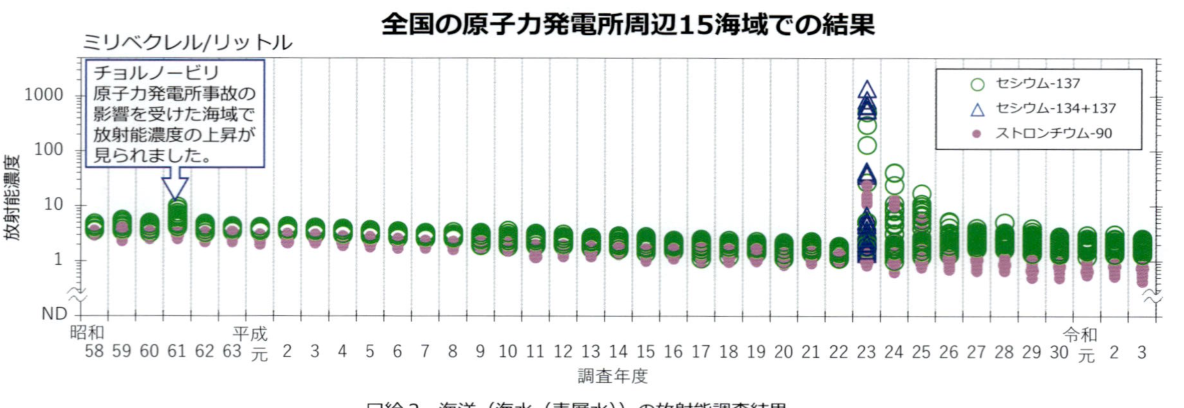

口絵２　海洋（海水（表層水））の放射能調査結果
（海洋生物環境研究所が原子力規制委員会原子力規制庁の委託事業として行った成果の一部です）

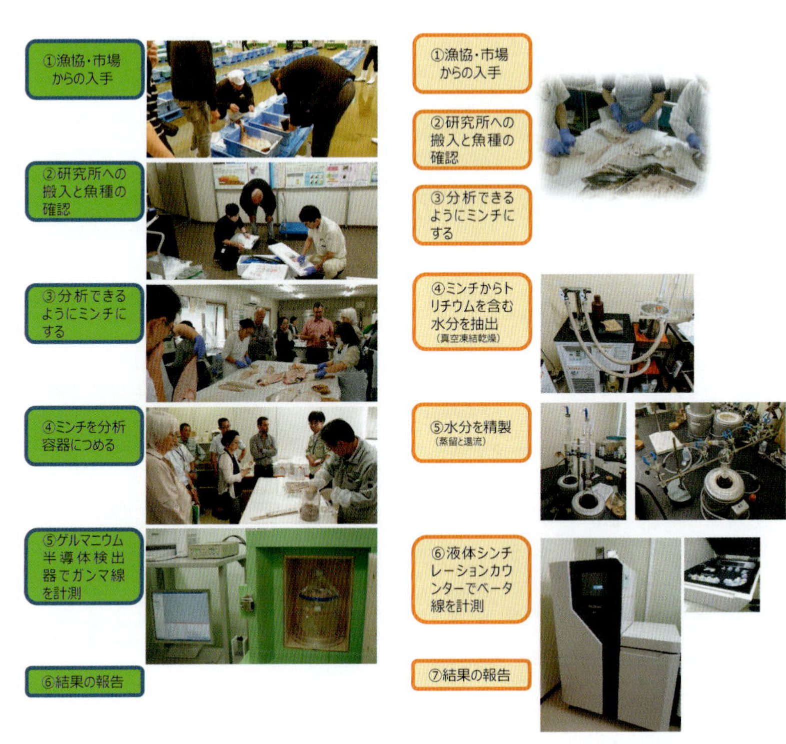

口絵３　水産物中の放射性セシウム濃度分析（左）とトリチウム濃度分析（右）の手順

◎これまでに分析した水産物の生息域と種数（魚類）

平成23年9月から令和4年1月末までに、海面では178種、内水面では50種を分析。

〈海面〉

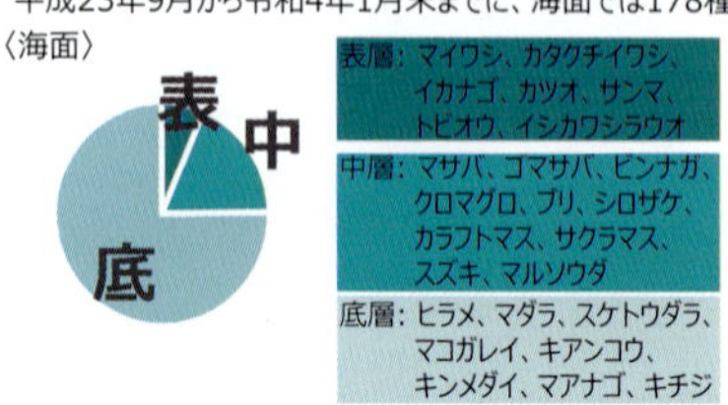

〈内水面〉

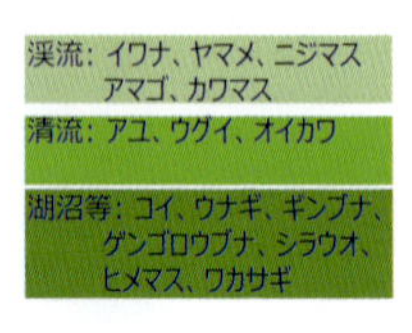

◎海面の検査結果（放射性Cs）の推移

・事故以降、放射性セシウム濃度は経年的に低下

・福島県 ： R3年度は、2検体を除いて基準値以下（99%が検出下限値未満）

・福島以外： H27年度以降、基準値以下

◎内水面の検査結果（放射性Cs）の推移

・海面よりも緩やかではあるものの、事故以降、放射性セシウム濃度は経年的に低下

・福島県 ： H27年度以降、基準値超過は1%未満

・福島以外：H26年度以降、基準値超過は1%未満

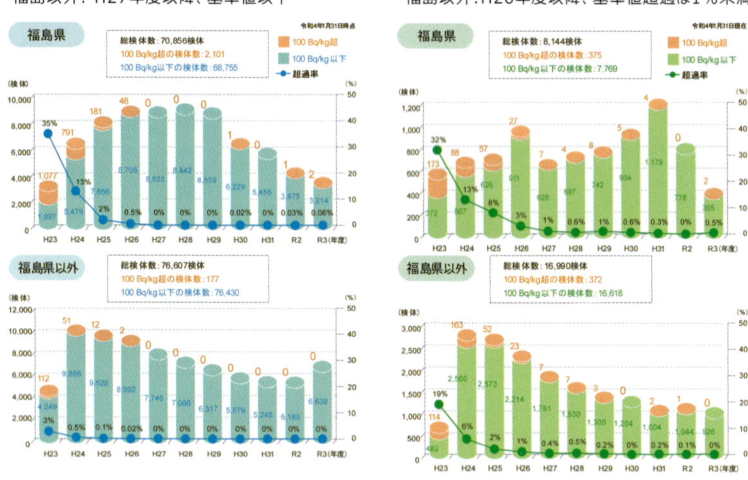

口絵４　水産物の放射性物質調査の結果

（海洋生物環境研究所が水産庁の委託事業として行った成果の一部です）

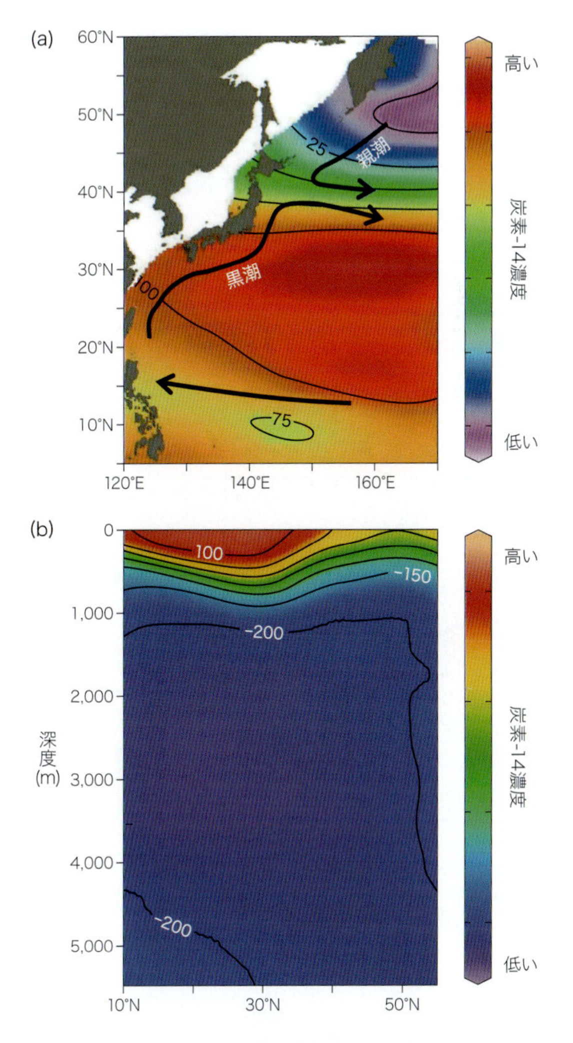

口絵 5 (a) 西部北太平洋および日本近海の表層海水中の炭素-14 濃度の分布,(b) 西部北太平洋の東経 150 度の断面図(**Q17** 文献 3 より作成,**Q17** 参照)

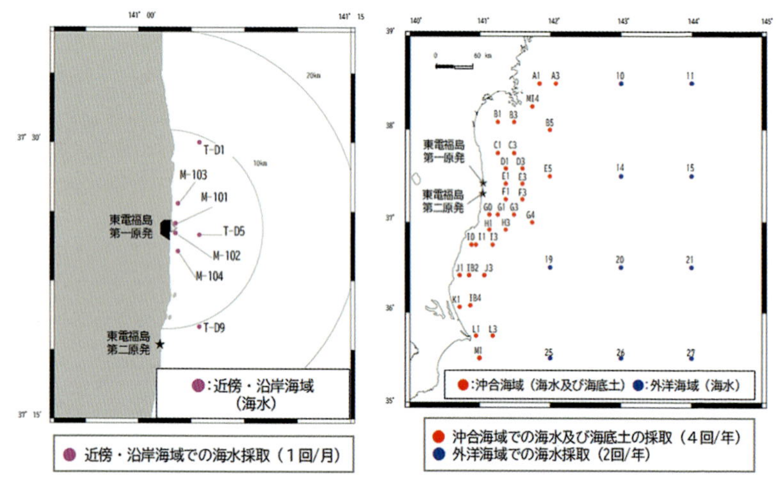

口絵 6　令和元年度における海域モニタリングの観測点（Q27 文献 6 より作成，Q27 参照）

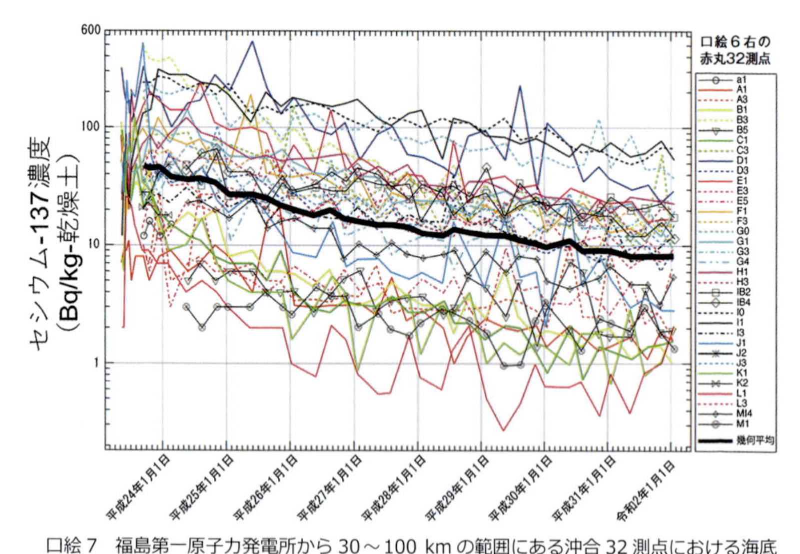

口絵 7　福島第一原子力発電所から 30～100 km の範囲にある沖合 32 測点における海底土中セシウム-137濃度の時間変化。福島第一原発からの距離は，例えば，E1 が 30 km，E3 が 50 km，E5 が 80 km。（Q27 文献 6 より著者作成，Q27, 33 参照）
事故前（検出下限値未満から 1.7 Bq/kg- 乾燥土）と同じオーダーを「もとの状態」と考えれば，ほとんどの場所でもとどおりとは言えませんが，平均値はここ 10 年で 1/10 程度まで下がっています。

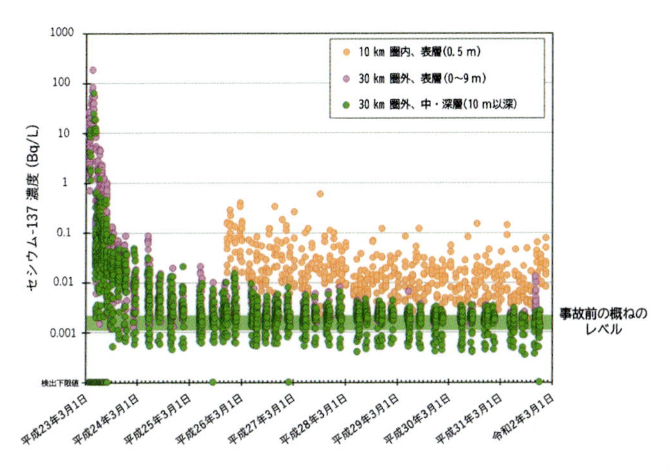

口絵 8　福島第一原子力発電所周辺の海水に含まれるセシウム-137 濃度の経年変化（Q27 文献 6 より著者作成，Q27 参照）

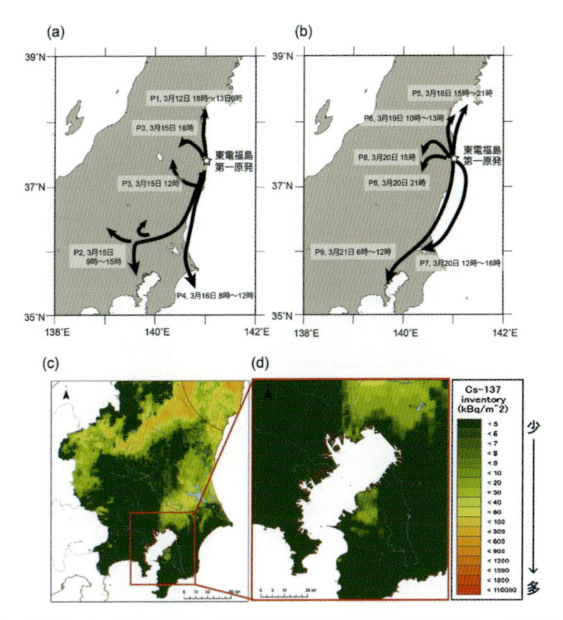

口絵 9　(a) 平成 23 年 3 月 12 日～ 3 月 16 日および (b) 3 月 18 日～ 3 月 21 日の期間における東電福島第一原発より放出された放射性プルームの流れの概略（Q28 文献 6 より作成）。平成 23 年 6 月における (c) 関東地方および (d) 東京湾周辺のセシウム-137 の初期沈着量（Q28 文献 8 より作成，Q28 参照）

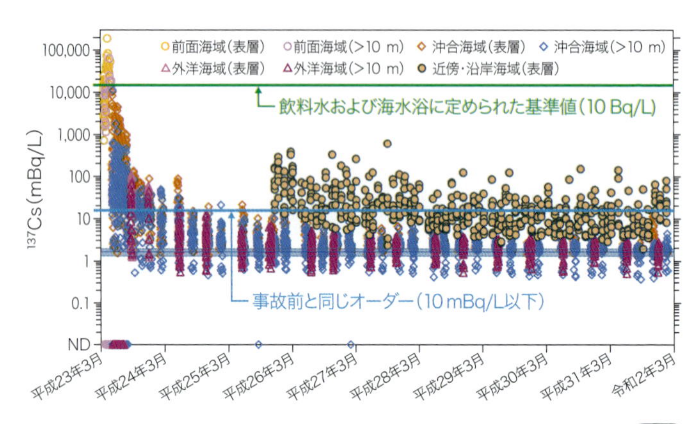

口絵10　福島第一原子力発電所沖合海域海水中セシウム-137濃度の時間変化（Q33 文献1より作成，Q33 参照）

事故前と同じオーダーを「もとの状態」と考えれば，10 km圏内はまだもとどおりとは言えません。

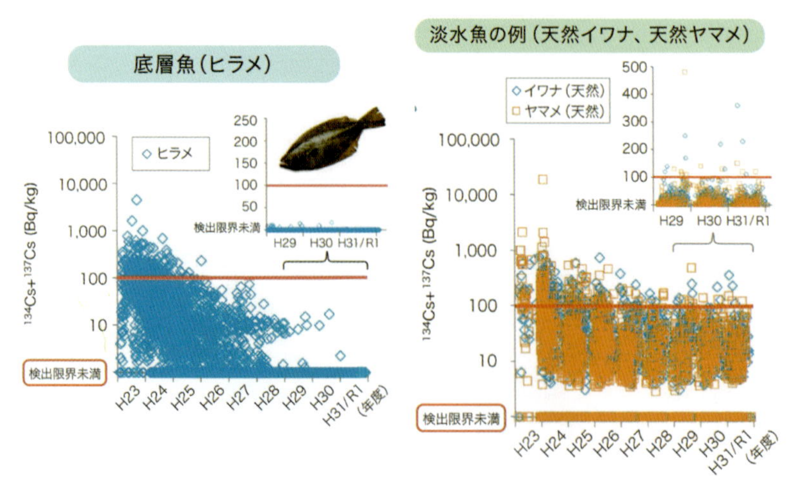

口絵11　海産生物と淡水生物の放射性セシウム（セシウム-137+セシウム-134）濃度の違い（Q38 参照）

（出典：Q38 文献4，海洋生物環境研究所が水産庁の委託事業として行った成果の一部です）

みんなが知りたいシリーズ㉑

海洋生物と放射能の疑問50

公益財団法人海洋生物環境研究所　編

成山堂書店

巻頭言

皆さんが放射能という言葉で想像するものは，どんなことでしょうか。広島，長崎に投下された原子爆弾と放射能による健康被害，水爆実験による第五福龍丸乗組員の被ばく事故など核兵器の恐ろしさは忘れることができません。一方で，原子力の平和利用は，鉄腕アトムに象徴される明るい未来のエネルギーとして広く認められるようになり，原子力発電所は，その安全神話を背景として，全国に作られました。この間にもチョルノービリ（チェルノブイリ）やスリーマイルの原発事故はありましたが，多くの日本人にとっては遠く離れた世界の出来事であり，あまり実感を持つことはなかったように思います。

東日本大震災に伴う福島第一原子力発電所の事故（以下，福島第一原発事故）は，当初の水素爆発などの危機的状況が映像として伝えられて国民にショックを与えました。また，その後の多量の放射性物質の拡散により多くの人が避難せざるを得ず，未だに帰還できない人が大勢いることや，水産物の放射能汚染が長い間続いたことなどから，ほとんどの原子力発電所が停止しました。福島第一原発では，廃炉処理が進められていますが高い放射能を持つ炉内の燃料デブリ（溶融核燃料）の取り出しが進まず，溜まり続ける汚染水とその処理水の海洋放出などが不安材料となっています。幸い処理水放出による水産物の風評被害は国内では起きませんでしたが，中国が水産物の輸入を全面的に禁止したことからホタテ貝，ナマコ，アワビなどを主力とする水産業者は多大な経済的損害を被りました。このように，福島第一原発事故と廃炉の処理が長引く中で，海洋の放射能汚染に対する心配は尽きません。海洋における放射性物質の拡散や生態系内での移行に関しては多くの調査研究が行われているのですが，専門的な報告が多く一般の方には理解しくいこともあるかもしれません。

地球温暖化は次第に大きな自然災害をもたらすようになり，その原因となる二酸化炭素の削減の必要性が叫ばれています。政府は，石油，石炭，液化天然ガスへの依存を減らし，原子力発電所の再稼働を急いでいます。また，国によっては，一旦，廃止を決めた原子力エネルギーの利用が再検討されています。放射能はさまざまな研究や医療（特にがんの診断や治療）にも用いられており，人類にとって手放すことのできないものでもあります。

原発事故当時には，物理学者である寺田寅彦が記した「ものをこわがらな過ぎたり，こわがり過ぎたりするのはやさしいが，正当にこわがることはなかなかむつかしい」という一文から，「正しく怖がる」という言葉が，よく使われていました。今後，人類は，放射能とどのように付き合っていくのかを判断するには，放射能を使うことのメリット，デメリットをよく知る必要があります。

公益財団法人海洋生物環境研究所は 1983 年以来，政府からの委託を受け，日本各地に立地する原子力発電所周辺の海などで海洋生物や海水，海底土に含まれる放射性物質のモニタリングを続けています。大気圏内核実験やチョルノービリ原発事故により拡散した放射性物質が海にどのような影響を与え，それがどのように変化したのかを明らかにしてきました。また，放射性物質の海洋生態系内での移行に関する研究なども行ってきました。これらの成果は福島第一原発事故が海にどの程度の影響を与えるのかを判断するための情報になったと思います。また，福島第一原発事故後には，観測海域や実施内容の拡充だけでなく，東日本を中心とする海面や内水面に生息する水産物の安全性確認も加えて放射能汚染の調査を行っており，影響がどのように収束していくのかを知る上で重要な情報を提供しています。

本書は，当研究所で放射能に関する調査，研究を担当する専門家により作られたものです。放射能に関する基礎知識から，海洋での動き，生物への影響，また，福島第一原発事故が漁業や，水産物などに与えた影響について，皆さんの疑問にわかりやすくお答えすることを目指しました。研究所のホームページ

(https://www.kaiseiken.or.jp)にも放射能に関するたくさんの報告やパンフレットなどが載せてありますのでぜひご覧いただければと思います。

2024年8月

東京海洋大学名誉教授
石丸　　隆

はじめに

皆さんの多くは一度も放射線に関する知識を学ぶ機会が得られないまま，社会の一員として生きてこられたかもしれません。放射線や放射能のことを知る上で必要な用語や単位を以下にまとめてみました。

本書を読むにあたって，まず，ご一読くだされば，本編の内容を理解する助けになると思います。

元素

この世のすべての物質は元素からできています。元素（原子）は，原子核と電子からできており，原子核はさらに陽子と中性子からできています。元素の種類は陽子の数（原子番号と言います）によって決まり，2020年現在，118種類の元素が知られています。皆さんもよく目にするであろう周期表は，元素を，陽子の数（原子番号）

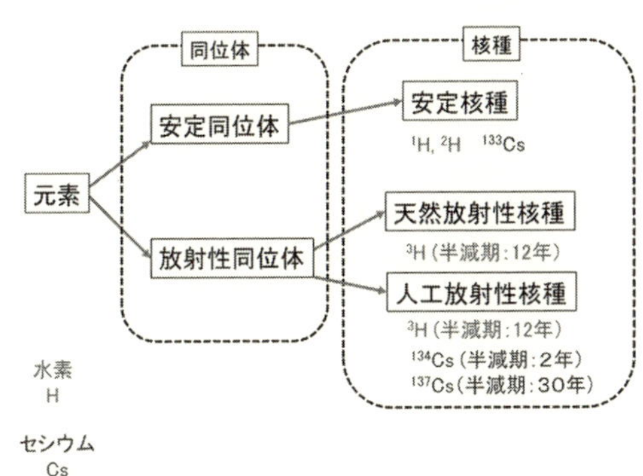

の順に１から並べて表にしたものです。

同位体

同じ元素（陽子の数（＝原子番号）が同じ）でも，中性子の数が違う元素のことを同位体と呼びます。名字が同じで名前が違う「家族」に相当する呼び方になりますね。

水素を例にとれば，

「陽子１つ」で構成される ^{1}H

「陽子１つ」と「中性子１つ」で構成される ^{2}H

「陽子１つ」と「中性子２つ」で構成される ^{3}H

の３つの同位体があります。H の前肩に付いている数字は，原子の質量数（陽子と中性子の合計）を表しています。原子は電子と原子核からできていると言いましたが，電子は陽子と中性子に比べとても小さくて軽いので，原子の重さ＝原子核の重さと表すことができます。

同位体にも２種類あり，そのままの姿で変わらない同位体を安定同位体，放射線を出して別の元素になる同位体を放射性同位体として区別します。先ほどの水素の例では，^{1}H と ^{2}H は「水素の安定同位体」，^{3}H は「水素の放射性同位体」と呼びます。

核種

元素は陽子の数（原子番号）で区別したものですが，時として質量数によっても区別しなければなりません。すなわち，原子核，つまり「陽子の数（原子番号）と質量数」で区別する場合，各々を「核種」と呼んでいます。

水素には3つの同位体がありますが，各々区別して呼ぶ場合は，質量数（重さ）で区別して ^{1}H，^{2}H，^{3}H をそれぞれ「核種」と呼びます。この核種を呼ぶ場合は必ず質量数が付きます。

核種として区別した際にも，同位体と同様に「安定核種」と「放射性核種」に区別して呼んでいます。例えば，「原子力施設の事故によって海洋中に放出された主な放射性核種には，キセノン-133，ヨウ素-131，セシウム-134，セシウム-137 等がある」というように使います。

接頭語

大きな数や小さな数を表示する際，ゼロがいくつも並んでいると読み間違うことがあるので，これを省略して記号で表すことがあります。これらを接頭語と呼んでいます。身近な例ですと「キログラム」の「キロ」は 1,000 倍（日本語読みだと「千」ですね）を表します。余談ですが，スマートフォン世代の皆さんは「ギガがなくなった」と言うことがあるかもしれませんが，本来は「通信したデータ容量が○○ギガバイト（十億バイト）に達した」の意味でしょう。

なお，接頭語は同じ数や量を表す際に，世界共通にしておかないと不便で混乱を招くため，1960年の第11回国際度量衡総会（こくさいどりょうこうそうかい）で採択された「SI単位系」をもとにして決められています。次の表に国際的に定められた接頭語の一例を示しました。

国際単位系（SI）で定められている主な接頭語の種類と意味

記号	接頭語と読み	大きさ	実際の数字で表すと	和名
P	ペタ peta	10^{15}	1,000,000,000,000,000	千兆
T	テラ tera	10^{12}	1,000,000,000,000	兆
G	ギガ giga	10^{9}	1,000,000,000	十億
M	メガ mega	10^{6}	1,000,000	百万
k	キロ kilo	10^{3}	1,000	千
—	—	10^{0}	1	—
m	ミリ milli	10^{-3}	0.001	毛（もう）
μ	マイクロ micro	10^{-6}	0.000001	微（び）
n	ナノ nano	10^{-9}	0.000000001	塵（じん）
p	ピコ pico	10^{-12}	0.000000000001	漠（ばく）
f	フェムト femto	10^{-15}	0.000000000000001	須臾（しゅゆ）

（及川真司・工藤なつみ）

執筆者等一覧（五十音順，＊は編者）

池上　隆仁（いけのうえ　たかひと）　Q15/Q16/Q17/Q22/Q28/Q31

石田　保生（いしだ　やすお）………　Q42/Q48

稲富　直彦（いなとみ　なおひこ）…　Q4/Q12/Q13/Q14/Q25/Q33/Q48

及川　真司（おいかわ　しんじ）……　はじめに/Q1/Q2/Q3/Q5/Q30/Q45

神林　翔太（かんばやし　しょうた）　Q17/Q19/Q27/Q31/Q33/Q46

＊日下部　正志（くさかべ　まさし）…　Q7/Q10/Q27/Q29/Q34/Q50

工藤　なつみ（くどう　なつみ）……　はじめに /Q1/Q2/Q3/Q4/Q6/Q18

小林　創（こばやし　はじめ）………　Q18/Q28/Q35/Q36/Q37/Q38/Q39

島袋　舞（しまぶくろ　まい）………　Q32

城谷　勇陛（しろたに　ゆうへい）…　Q5/Q7/Q10/Q12/Q30

＊眞道　幸司（しんどう　こうじ）……　Q8/Q9/Q11/Q34/Q38/Q39/Q45/Q47/Q49/Q50

土田　修二（つちだ　しゅうじ）……　Q20/Q23/Q24

道津　光生（どうつ　こうせい）……　Q21/Q32

馬場　将輔（ばば　まさすけ）………　Q22

堀田　公明（ほった　こうめい）……　Q26

＊宮本　霧子（みやもと　きりこ）……　Q11

村上　優雅（むらかみ　ゆか）………　Q6/Q23/Q32/Q40/Q41/Q43/Q44

山田　裕（やまだ　ひろし）…………　Q8/Q9/Q26/Q35/Q36/Q37/Q41/Q44

＊山田　正俊（やまだ　まさとし）……　Q13/Q14/Q15/Q16/Q30/Q49

横田　瑞郎（よこた　みずろう）……　Q19/Q20/Q21/Q40/Q42/Q43/Q45/Q46/Q47

渡邉　幸彦（わたなべ　ゆきひこ）…　Q24/Q25

内田　志穂（うちだ　しほ）…………　イラスト・レイアウト

目　次

Section 7　福島第一原発事故の水産物・食品への影響

「放射能」の名付け親・キュリー夫人
（Nobel foundation）

Section 1
放射能に関する基礎知識

放射性物質とはどんな物質ですか？

Question 1

Answerer 及川真司・工藤なつみ

地球上にあるすべての物質は天然に存在する放射能（Q2で説明します）を含んでいます。一般的には，自然界に存在する以上の放射能を含む物質を「放射性物質」と呼んでいますが，明確な定義はないようです。

自然界を構成する元素（原子）には，不変で安定的に存在しうるものと，自発的に壊れたり変化したりするものがあります。壊れたり変化したりするものの中でも，原子が壊れたり別の原子に変化したりするものがあり，これらを総じて「放射性」と呼ぶ一方，不変であるものについては「安定」として区別しています（Q2で説明します）。

そもそも，宇宙の塵が集まって地球が誕生した際には多くの放射性の元素（原子）があったと言われていますが，ほとんどが短い期間に自発的に壊れて別の元素（原子）へ変化していきました。

自然界に存在する鉱石はウランやトリウムを比較的多く含んでいます。これらの鉱石から人工的に精製して得られた石材や燃料のような原材料についても放射能を多く含む場合があり，総じて放射性物質と呼ばれることがあります。むしろ，放射能を含まない物質を探す方が難しいかもしれません。多くの食品にもともと放射性物質が含まれているため，私たち人間自身の体の中にも放射能が含まれています。厳密に言えば，人間さえ放射性物質に該当するかもしれません（Q6参照）。

自然界には，高層大気と宇宙線（一般に高いエネルギーを持つ陽子のこと）との相互作用により生成したトリチウムなどが天然にも存在します。このトリチウムは水素の仲間（同位体）

ですが，自発的に壊れてヘリウムに変化する性質があります。一方，ウランやトリウムなどのように，自発的に壊れる時間が数十億年を超える長い時間であるため，地球が誕生したときからそのまま存在している放射性の元素もあります。さらに，人類が「核」の研究開発を進めた結果，原子力を手に入れたものの，同時に負の遺産として核兵器の開発とその利用，原子力施設の事故などに起因する放射性物質も環境中に出してしまいました（Q7参照）。

意外かもしれませんが，放射性物質は人類が誕生するはるか以前から地球上に存在し，生命の誕生から進化に至るまでのプロセスにおいて常に生命と共存してきました。カリウム-40など私たちの体の中にもともと含まれる放射性の元素の存在は，まさにその証拠かもしれません。また，生命進化の過程で起こる突然変異のきっかけとして，放射性の元素（原子）が壊れる際に発する放射線の影響も少なからずあると言われています。

「元素（原子）が壊れて別の元素（原子）になる」とはどのようなことしょうか。スイカ割りのように，細かくバラバラになってしまうのでしょうか。例えば，「水素」は「原子核の中に陽子が１つ」ありますが，同じ水素であっても中性子の数が異なり，^{1}H，^{2}H，^{3}Hと３種類の同位体があって，そのうちの^{3}Hが放射性同位体です（**図 1-1**）。これは「陽子が１つ，中性子が２つ」から構成されており，この組み合わせでは居心地が悪いようで，自発的に中性子１つが陽子へ変化します。その結果，「陽子２つ，中性子１つ」から成るヘリウムへ変化します。中性子から陽子へ変化する際には放射線（この場合にはベータ

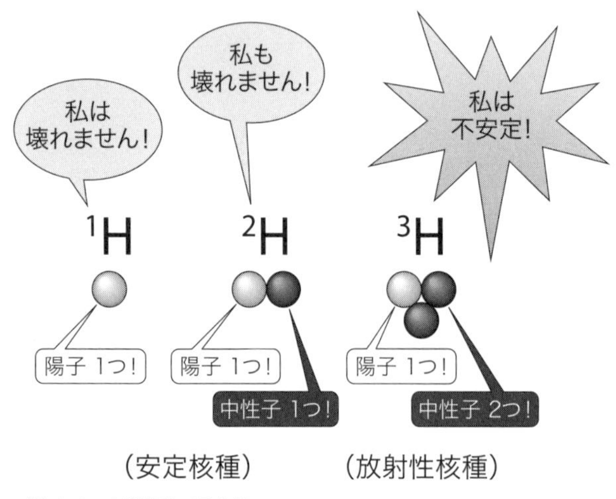

図 1-1　水素（H）の同位体

線（電子の流れ））を出す性質があります。このように，元素（原子）が「壊れる」というよりも，原子を構成する陽子や中性子が変化することで原子が別の原子へ変化していると表現した方がわかりやすいと思います（**図 1-2**）。

なお，水素やヘリウムといった軽い元素からウランなどの重い元素が生まれる過程は，長い時間をかけて陽子や中性子が変化することによって合成された結果と言えます。

放射性物質は，日本の法律（放射性同位元素等の規制に関する法律，原子炉等規制法）によって厳しく規制されています。例えば，自然界に存在する自然放射性核種の濃度は物質 1 グラム当たり 74 ベクレルを超えるものについては「放射性物質である」とされ規制を受ける対象になっています。また，自然界に存在するものであって，放射線を放出する元素や化合物，そしてこれらを含む固体状のものについて，物質 1 グラム当たり 370 ベクレルを超える場合，規制の対象になります。

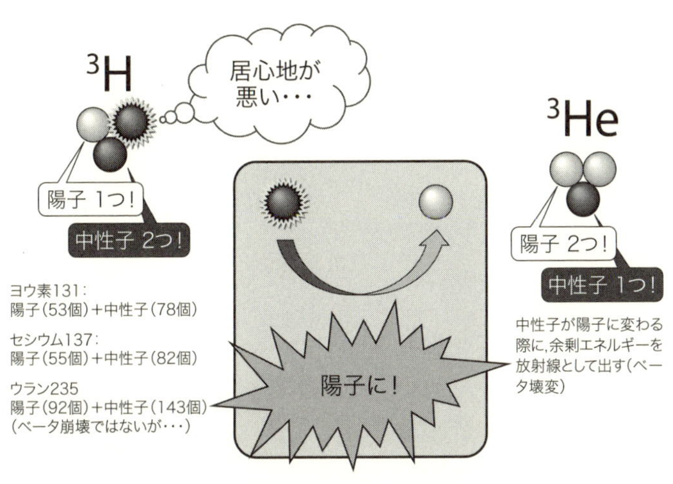

図 1-2　^{3}H が放射線を出す仕組み

これを根拠に「放射性物質」を説明するとすれば,「法律で規定されている以上の濃度の放射性の元素を含む物質」ということができるでしょう。

このように，たとえ自然界に地球ができた当時から存在する放射性物質でさえも厳しい目で規制がなされている以上，普通の生活圏においては過度に放射性物質を怖がる必要はないでしょう。

放射能って何ですか？

Question 2

及川 真司・工藤なつみ

放射能とは，本来「性質（能力）」のことですが，次の３とおりの意味を持って使われています。

1）　元素が自ら放射壊変して他の元素に変わる性質（能力）
　　使用例：ウラン-238は放射能を持つ

2）　1)の強さまたはその量
　　使用例：１グラムのウラン-238の放射能は約12,000ベクレルである（強さの単位はベクレル；Q4参照)。

3）　放射能を持つ物質，放射性物質
　　使用例：放射能が実験室から漏れ出した。
　　これは誤用ですが，一般的にはよく使われる。

意外な答えかもしれませんが，「放射能」,「放射線」,「放射性物質」はいずれも似たような言葉で，よく混同されているようです。

この世の中にはいろいろな物質があり，それを無限に小さく分割していくと「原子」になりますが，この原子は「原子核」と「電子」により構成されています。これらはすべて安定的で永久不滅に不変であると言いたいところですが，そうではありません。原子核は永久不滅に安定であるものと，自発的に壊れる性質を持つものに分けられます。ここで，自発的に壊れる性質を持つ原子核を特別に「放射性核種」と呼んで区別し，放射性核種が壊れて別の原子核に変化（これを壊変と言います）する性質を「放射能」と定義しました（冒頭の1))。

放射性核種は時間の経過とともに壊変していきますが，原子核の種類によってそれぞれ固有の時間で壊れていき，ごく短時間のものから地球の年齢をはるかに超える時間を要するものがあ

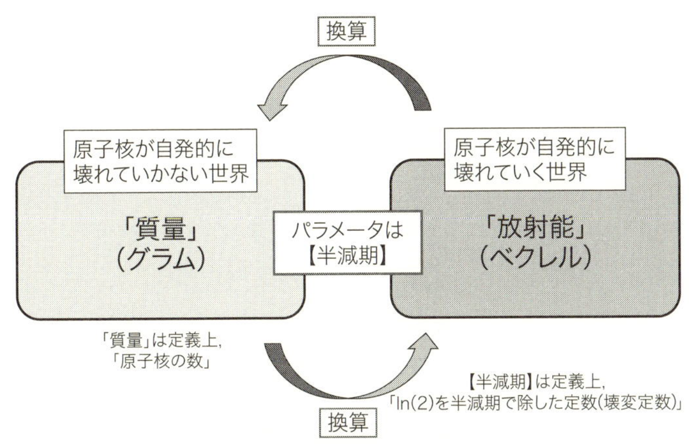

図 2-1　自発的に壊れてしまうため,「半分になる時間（半減期）」を介して,質量あるいは放射能を決める単位を相互に比較・換算することができる。図中の「ln(2)」は「2 の自然対数」で 0.693 である。

ります。時間とともに自発的に壊れる性質の原子核（原子も同様）は常に変化しているため,「ある一時期」を指定しない限り，その種類（例えば，水素や酸素など）や量（例えば，重さ）などを決めることができません。そこで,「1 秒間に 1 個の原子核が壊れる際の速さを 1 ベクレル（Bq）とする」と決めて，自発的に壊れる性質の原子核（原子）の量を「放射能」という考え方を用いて冒頭の 2)のように表すことにしたのです。かみ砕いて言うと,「長さはメートル（m）で」,「重さはグラム（g）で」と同じように「放射能はベクレル（Bq）で」と決めました。

おかげで，原子核が自発的に壊れない世界，つまり「原子核の数を数えて質量とし，その単位にグラムを用いる」世界で決めた量は，原子核が自発的に壊れていく世界，つまり「原子核の数を数えて，ある瞬間の量を放射能で表し，その単位にベクレルを用いる」世界で決めた量と互いに変換することができます（**図 2-1**）。すなわち，二つの単位の間の関係を間接に表す数式や値（これをパラメータと言います）を使って，「ベクレル」は「グラム」に変換できるようになります。そして，この変換の際に必要なパラメータが「半減期」です（**Q3** で説明します）。

ある放射性元素の原子量をM，放出する放射線の強さをA（Bq），半減期をT（秒）とすると，

その原子の質量はw（g）は

$$w = A \times T \times M / (0.693 \times 6.02 \times 10^{23})$$

と表わすことができます。

例えば，トリチウムについては「1グラム＝約358兆ベクレル」，セシウム-137については「1グラム＝約3.2兆ベクレル」，そしてウラン-238なら「1グラム＝約12,000ベクレル」となります。言い換えると，「トリチウムを1グラム集めると，その放射能は約358兆ベクレルになる」ということになります。また，トリチウムを1ベクレル集めると，その質量は約358兆分の1グラムになる，ということです。通常，表層で採取した海水には概ね1リットル当たり0.1ベクレルのトリチウムが入っていることが昨今の調査で明らかになりつつあります[1)]。この0.1ベクレルのトリチウムの質量は，前にならうと約358兆分の0.1グラムになる，ということで，極めて少ない量を相手にしていることになります。

ちなみに，「放射能」という言葉ですが，レントゲン博士がエックス線を発見した 1895 年から 3 年後，1898 年にキュリー夫人（Marie Sklodowska-Curie；1867-1934）がウランを対象とした研究をしている際に，周囲の物質が電離されるなど何らかの放射現象があることを突き止め，この現象に対して radioactivity（すなわち「放射能」）と名付けたことに由来します。

図 2-2 「放射能」を名付けたキュリー夫人

キュリー夫人はさらに研究を進め，ラジウムとポロニウムという元素の発見に至ります。ラジウムはラテン語で放射線にちなむ radius に由来し，またポロニウムはキュリー夫人の故郷であるポーランドにちなんで命名されました[2)]。キュリー夫人が研究を通して利用していたノートからはいまだにラジウムを含む放射性物質が多く付着しているとの報告もあり，当時の研究に対する姿勢を感じることができます[3)]。

放射能が漏れた？

あまり聞きたくないですが，「放射能が漏れた」と耳にすることがあります。しかし，同じ単位の用語を用いて「長さが漏れた」とか「重さが漏れた」とは言いません。ほとんどの人が理解できるくらい，「放射能＝放射性物質」として浸透しており，学問上の記載や正式な言い回しが求められないようであれば，冒頭の 3）のように社会通念上これまでどおりの理解で放射能という用語を使っても問題は生じないと思われます。

参考文献

1）公益財団法人海洋生物環境研究所（2020）：平成 31 年度原子力施設等防災対策等委託費（海洋環境における放射能調査及び総合評価）事業 調査報告書.
2）例えば，公益財団法人放射線影響協会：放射線の影響がわかる本（2020 改訂版），第 1 章 放射線の正体.
https://rea.or.jp/wakaruhon/kaitei2020/wakaruhon_main_.html（2020 年 10 月閲覧）
3）森千鶴夫，井上一正，宮原諄二，千輪 潔（2005）：キュリー夫人の実験ノートの放射能ー明星大学図書館所蔵ー，*RADIOISOTOPES*, 54，437–448.

放射性物質の半減期って何ですか？

Question 3

Answerer 工藤なつみ・及川 真司

半減期とは，放射能が半分になるまでの時間のことです。放射性核種ごとに固有の半減期を持っており，1秒に満たないものから数十億年を超えるものまであります。

放射性核種は自発的に壊れることについてQ2でも紹介しました。この際に壊れやすいものや壊れにくいものがあり，それらを区別するために，初めの原子数から半分になる時間はどれくらいか，という“ものさし”があると比較が簡単になります。この“ものさし”として「半減期」を次のように定義しました。

「半減期」は初めにN個あった原子がその半分（$\frac{1}{2}$N個）になるまでの時間（言い換えると，A（ベクレル）の放射能が，$\frac{1}{2}$A（ベクレル）になるまでの時間）となります。つまり，時間が経過するたびにもともとあった量の1/2，1/4，1/8……と減っていきます（**図3-1**）。

半減期は放射性核種ごとにそれぞれ決まった値であり，セシウム-134なら約2年，セシウム-137なら約30年，ヨウ素-131なら約8日です。つまり，セシウム-137が30年でやっと半分になるのに対し，ヨウ素-131はたった8日で半分になります。自然界には長い半減期を持つ放射性核種もあり，例えばウラン-238は46億年もの半減期を持ちます。これらの放射性核種が物理的に壊れていく際の決まった半減期のこ

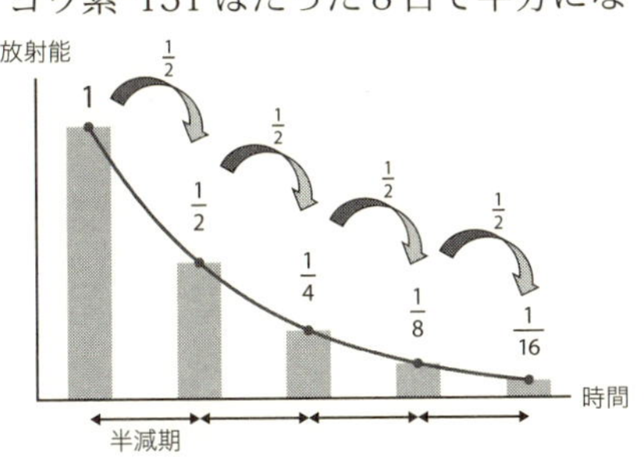

図3-1　半減期の概念図

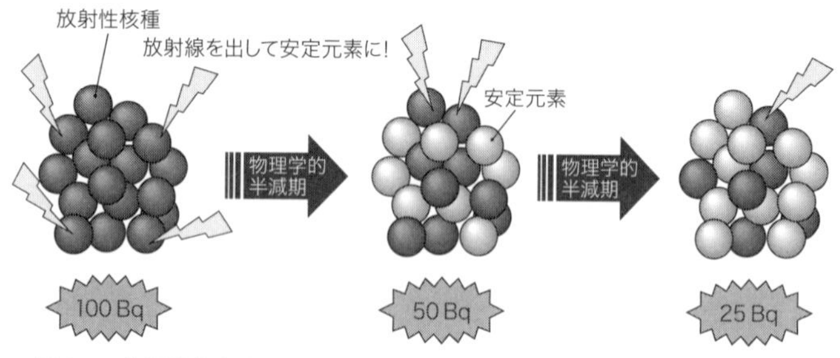

図 3-2　物理学的半減期の説明図

とを，特に物理学的半減期と呼びます（**図 3-2**）。

放射能は，自発的に壊れていく元素の「性質」であり，その量を決める「単位」であると理解していただいたところですが，実はもっと簡単に

放射能[ベクレル]＝原子の数[個]×壊変定数

というシンプルな式で表すことができます。ここで，壊変定数とは 0.693（２の自然対数）を半減期（秒）で割った値です。すなわち，原子の数を一定とすれば，半減期が長ければ長いほど放射能は小さくなる，ということになります。仮に，半減期が無限大に長いと壊変定数は限りなくゼロに近づくことになり，放射能もゼロになりますね。言い換えると，この世の中のすべての原子核（原子）はすべて自発的に壊れますが，その壊れる時間が限りなく長いものについては，放射能はゼロ（＝安定）と考えることができます。

話を変えて，放射性物質に限らず，ある物質が体の中に入ってから体の外へ出てくるまでの時間を考えてみます。体内に取り込まれた物質は，ずっと体内に留まるのではなく，汗や排泄などの代謝の過程である程度が体外へ排出されます。この際，特に体内に取り込まれた物質が代謝などの作用で取り込んだ量

の半分になる時間を生物学的半減期と呼びます（**図 3-3**）。

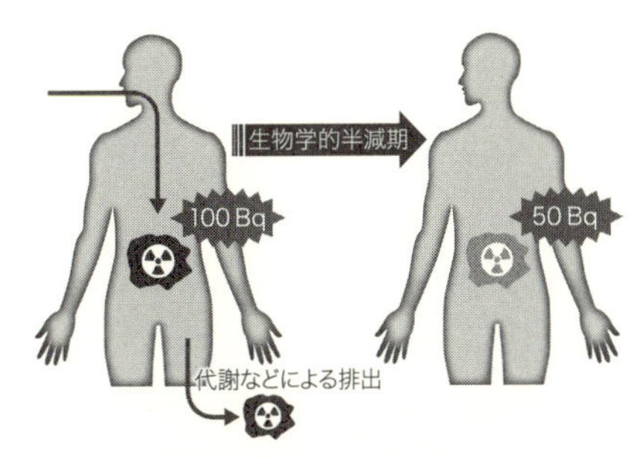

図 3-3　生物学的半減期の説明図

例えば，飲食等で放射性核種を体に取り込んだ場合，放射性核種が自発的に壊れることに加え，代謝の過程で体外へ排出される量もあるので，生物学的半減期は一般的に物理学的半減期よりも短くなる傾向があります。例えば，セシウム-137 の物理学的半減期は約 30 年ですが，その生物学的半減期は 50 歳の人で約 100 日と言われています[1]。

実際に放射性核種を食物や空気とともに体内へ取り込んだ場合，体外へ排出されるまでの半減期は，①放射性核種が持つ物理学的半減期と②代謝などによる生物学的半減期を合わせた「実効半減期」を用いて考察します。ただし，ここで注意しておいてほしいのが，半減期は安全の指標ではないということです。半減期は，放射能が半分になるまでの時間でしかなく，危険か安全かを定義することはできません。

参考文献
1) 環境省ウェブサイト: Q&A（平成 29 年度版），第 2 章放射線による被ばく.
https://www.env.go.jp/chemi/rhm/h29kisoshiryo/h29qahtml.html
2) 食品安全委員会（2012）: 食品中の放射性物質による健康影響について，放射性物質を摂った時の人体影響.
https://www.fsc.go.jp/sonota/radio_hyoka.data/radio_hyoka_kaisetu.pdf

ベクレル，シーベルト，グレイって何ですか？

Question 4

Answerer 稲富 直彦・工藤なつみ

放射能に関する単位です。ベクレルは放射能を出す能力を表す単位，グレイは放射線が物質に与えたエネルギーの単位，シーベルトは放射線の被ばくによる影響を表す単位です。

放射性核種には，自らが壊れることによって放射線を出す能力（放射能）があり，放射性核種の原子核が1秒間に1回壊れるときに，1ベクレル(Bq)と定義します。

グレイ(Gy)とは，放射線が物質に当たったときに，物質がどれだけのエネルギーを吸収したかを示す単位であり，吸収線量と呼ばれます。具体的には，1 kgの物質が熱量として1ジュール(J)相当のエネルギーを放射線から受けたとき，それを1 Gy(＝J/kg)と定義します。

シーベルト(Sv)とは，生物，特に人が放射線から受ける影響（放射線影響）を数値化したもので，被ばく線量を評価する際に使われます。具体的には「数字の大きさに応じて発がんリスク（がんになりやすさ）が高まるとの考え方」であると言えるでしょう。

ここでは，これらの単位を格闘技におけるダメージに置き換えて考えてみましょう。ベクレル，グレイ，シーベルトの関係に，次のような関係性を見出すことができます。

放射性物質を格闘家に見たてて考えると，

・ベクレルは，格闘家が1秒間に打てるパンチの数

・グレイは，格闘家から自分が受けたパンチの数

・シーベルトは，パンチから受けたダメージの総和

とたとえられます（**図 4-1** 参照）。

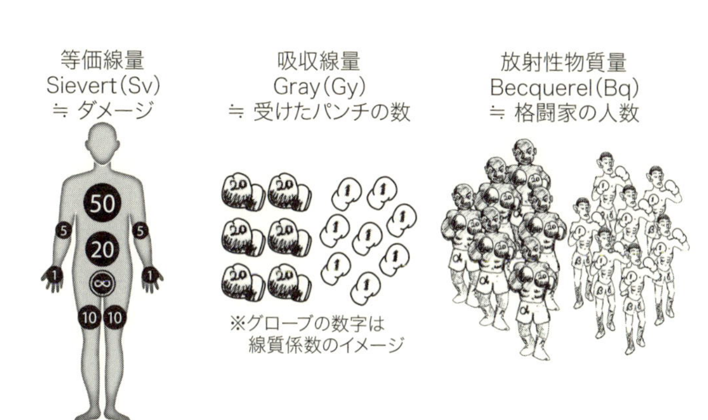

パンチを受ける
場所により
ダメージが異なる。
※数字は痛さ(組織加重係数)
のイメージ

等価線量(Sv) = 吸収線量(Gy) × 線質係数 × 組織加重係数

実効線量(Sv) = 等価線量1 + 等価線量2 + 等価線量3 + …

図 4-1　格闘家と放射線影響の相似性

格闘家には重量級から軽量級までの選手がいますが，それぞれから受けるパンチの強さは異なります。これは，放射線の種類によって影響が異なること（放射線荷重係数）に置き換えられます。放射線荷重係数とは，放射線の種類ごとに定められた値であり，アルファ線は 20，ベータ線，ガンマ線は 1 と決められています。数字が大きくなればなるほど，より多くの影響を与えるということになります。たとえるなら，アルファ線は重くて大きなパンチを持つ重量級。力強いパンチを放ちますが，その重さと大きさのために動きが遅く，リング内での移動距離が短い。つまり，アルファ粒子は質量が大きく，エネルギーを持っていますが，空気中ではわずか数センチメートルしか進むことができず，紙一枚でも防ぐことができるほど，浸透力が弱いです。ベータ線は軽快に動き回る中量級。重量級よりも速く，より遠くまでパンチを届けることができますが，重量級ほどの破壊力がパンチにありません。つまり，ベータ粒子はアルファ

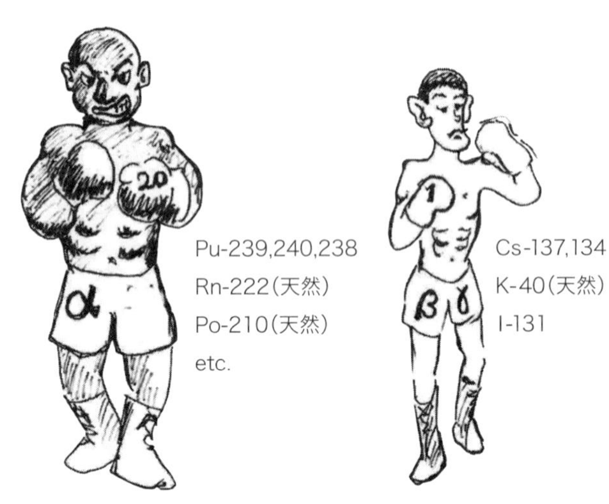

図 4-2　放射線荷重係数と格闘家の相似性

粒子よりも浸透力があり，空気中を数メートル進みプラスチックの薄い板を通過することができますが，アルファ粒子ほどのエネルギーがありません。ガンマ線は軽量級。リングのどこからでも相手に届く，非常に高い技術とスピードを持っています。つまり，ガンマ線は非常に高い浸透力を持ち，数センチメートルの鉛や数メートルのコンクリートを通過し，遠くまで届きます。しかし，そのパンチ（エネルギー）は非常に細かいため，物質を直接破壊する力がアルファ線やベータ線ほどではありません（**図 4-2** 参照）。

さらに，格闘家が放つパンチも体のどこに，どれだけ当たったかによってもダメージが異なります。これは，体の部位により放射線影響が異なること（組織加重係数）に置き換えられます。組織加重係数とは体の部位による放射線影響の違いを数字で表したもので，全身への影響の和を 1 としたときに各部位がどれだけ影響を受けやすいかを表しています。数字が大きければ，より影響を受けやすいということです。例えば，人間の体の中で一番放射線影響が大きいのは肺や胃などの臓器です。

実際に体の部位へのダメージを計算する際には，等価線量という値が使われています。体の部位が放射線から受けたエネルギー(Gy)に放射線荷重係数を掛けたものが等価線量です。式に表すと，以下のとおりです。

体の部位の等価線量(Sv)＝
　　体の部位の平均吸収線量[Gy]×放射線荷重係数

また，体の部位ごとの等価線量に組織加重係数を掛け，足し合わせたものを実効線量といい，放射線被ばくを評価する際には一般的に実効線量が使われています。実効線量は，体の部位ごとの放射線の影響の受けやすさを考慮し，それを足し合わせることで，体全体の受けた放射線のダメージ（放射線被ばくを受けた人の危険の大きさ）として考えることができるからです。

つまり，自分の受けるダメージは，どのクラスの格闘家から何発のパンチを，どこにもらったか，を合計した結果と考えることができます。同様に，放射線影響は，放射線の種類，浴びた量，受けた場所と各場所での影響の総和で考えると定義されているのです。

放射性物質って天然にあるの？

Question 5

Answerer 及川 真司・城谷 勇陛

自然界に普遍的に存在します。そもそも，放射能は人類誕生よりもずっと前の地球が誕生したときから自然界に存在しています。鉱石，岩石，土壌，海水などウランやトリウムを比較的多く含む物質に代表されるように，いわゆる放射性物質は現在でも自然界に広く存在していると言えます。

ご承知のとおり，海水には塩分（ミネラル分）が多く溶けており，1リットル中に概ね35グラムの塩が含まれています。塩分を構成する元素を見てみると，ナトリウム，マグネシウム，カリウムを筆頭に多くの元素が溶けています。このうち，カリウムには放射性のものが0.0114％の割合で存在しますし，ウランも表層から深層まで比較的一様に分布していると言われています。例えば，海水にはウランが概ね10億分の3グラム（3 ppb）ほど溶け込んでおり，強いて言えば，海水はまさに天然に存在する放射性物質となるでしょう。

この一方，1895年にレントゲン博士がエックス線を発見して以来，人類が核にまつわる研究開発を進めてきた結果，1945年に広島へ原子爆弾が投下されたことを契機に，北半球を中心に大気圏内での核実験を少なくとも543回[1)]実施してきました。この結果，私たちの環境に多くの人為的な放射性の元素がもたらされ，その量は極めて少なく影響は全くないものの，今でも，土壌，河川，農畜産物，海水，海底土，海産生物などの身近なところから見出されています。放射性の元素は，自然界にもとから存在していたか，あるいは人為的に付加されたものであるかを問わず，同じ放射性の元素であれば区別はありません。例えば，高層大気と宇宙線の相互作用で生じるトリチウムと大気圏内核実験で生じるトリチウムは全く同一のものであり，実験由来のものが自然界へもたらされた段階で両者は区別できなくなります。

自然界へもたらされた放射性の元素は，その元素の物理的あるいは化学的性質に従って環境中に広がり，生物に取り込まれていきます。例えば，海藻の一種であるワカメにはカリウムやヨウ素が多く含まれますが，海水に存在する放射性のカリウムも，大気圏内核実験で生じた放射性のヨウ素もその由来に関係なく，取り込みの速度や割合は異なるものの，同じようにワカメに取り込まれていきます。現状，生ワカメ1キログラム当たりには概ね200ベクレルの放射性カリウムが含まれています[2)]。

このように，放射性物質としてどのような物質が該当するかについては厳密に定義はないものの，自然界には放射性物質が普遍的に存在すると言えます。

参考文献
1) 原子力放射線の影響に関する国連科学委員会（UNSCEAR）: 2000年報告書(1).
2) 公益財団法人原子力安全研究協会（1983）: 生活環境放射線データに関する研究　ほか.

ヒトの体内にも放射能が存在しているって本当ですか？

Question 6

Answerer 工藤なつみ・村上 優雅

本当です。私たちの体の中には放射性物質が存在し，日本人男性体重約 65 kg の場合，一人当たり，約 7,900 ベクレル(Bq)の放射能を持っています。

放射性核種は自然界にも存在し，私たちが普段食べているものや，私たちの体を構成している元素の中にも含まれています。

ここで，ヒトの体を構成する元素を見てみましょう。ヒトの体はいろいろな元素が集まってできていますが，ほとんどは酸素，炭素，水素，窒素でできており，この 4 つの元素だけでヒトの体の約 97％を占めています。それから，カルシウム，リン，硫黄，カリウム，ナトリウム，塩素，マグネシウム，その他の微量な元素と続いていきます。

それでは，どんな種類の放射性核種がヒトの体内に存在しているのでしょうか？　先ほど人体を構成する元素についてお話ししましたが，ヒトの体内に存在する放射能（放射線を出す能力）として考えると，一番多いのはカリウム-40，その次に炭素-14，ルビジウム-87，その他の放射性核種と続きます。特に，放射性のカリウムと炭素がヒトの体内における放射能の割合として大きく，ヒトの体内が持つ放射能は，ほとんどこの 2 つの核種に由来するものです。

実際に人体中の放射能を計算してみましょう。ここでは，体重 65 kg の人を例に考えてみます。放射能は，ヒトの体に含まれる元素の重量（g）と，それぞれの放射性核種の比放射能（元素 1 グラム当たりの放射能[Bq/g]）を掛け合わせると求めることができます。つまり，式にすると以下のように表すことができます。

表 6-1　ヒトの体における元素の重量，比放射能および放射能[2),3),4)]

元素	重さ（g）	比放射能（Bq/g）	放射能（Bq）
カリウム	131	30.2	3,956
炭素	15,000	0.24	3,600
ルビジウム	0.3	890	267
その他（ウラン，ポロニウム，鉛など）	—	—	34
合計			7,857

放射能(Bq)＝比放射能(Bq/g)×重量(g)

それぞれの放射性核種の放射能を足し合わせると，人体に含まれる放射能が計算できます。つまり，体重 65 kg の人でしたら，一人当たりおおよそ 7,900 Bq の放射能を持っていることになります。牛乳 1 リットル中のカリウム-40 に由来する放射能は約 50 Bq ですから，ヒトは体に意外と多くの放射能を持っているのですね。

なぜ，ヒトの体はこれだけの放射能を持っているのでしょうか？　この疑問を解消するためには，元素の成り立ちについて考えなければなりません。この世界を構成するほとんどの元素は重さが一つの元素からできているのではなく，重さの違ういくつかの仲間が集まってできています（これを同位体と言います)。例えば，カリウムは動物や植物，もちろん人間にとっても必要不可欠な元素ですが，カリウムの中には，放射性のあるカリウム-40 がほんの少しの量（0.0114％）含まれています(詳しい説明は **Q5** 参照)。私たちが普段食べている肉や魚，米などほとんどの食品にはカリウムが含まれていて，それを食べることにより放射性のカリウムも体内に取り込まれるのです。カリウムは体内の生理作用によって一定の値に保たれていますので，放射能は増えたり減ったりはしません。

放射性物質や放射能というと，どうしても怖いものや危ないものと捉えてしまいがちですが，実は私たちの体の中にも放射

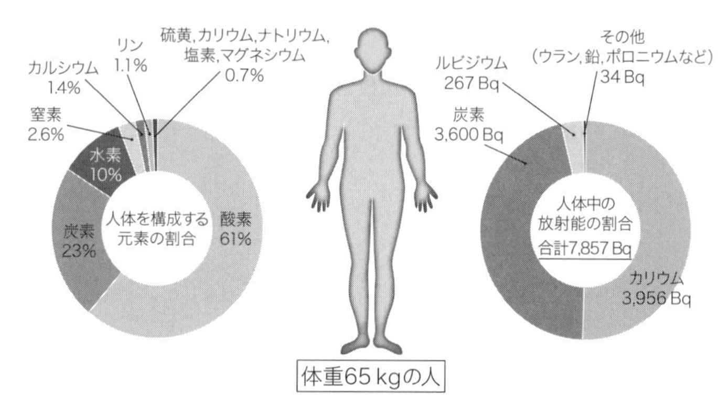

図 6-1　人体を構成する元素および人体中の放射能の割合（表 6-1 の出典データより作成）

性物質は存在し，私たちも放射能を持っていることを考えると，意外と身近なものだということがわかると思います。

参考文献
1) 食品安全委員会（2011）: 人体中の放射性核種についての試算.
2) ICRP（1975）: Report of the Task Group on Reference Man. ICRP Publication 23.
3) 厚生労働省ウェブサイト: 平成 20 年国民健康・栄養調査報告. https://www.mhlw.go.jp/bunya/kenkou/eiyou/h20-houkoku.html
4) 公益財団法人原子力安全研究協会（2020）: 生活環境放射線（国民線量の算定）第 3 版.

人類初の核実験・トリニティ実験での核爆発
(Photo courtesy of National Nuclear Security Administration / Nevada Site Office)

Section 2 放射能の利用と管理

大気圏での原水爆実験によって海にはどのような影響がありましたか？

Question 7

日下部正志・城谷 勇陛

大気圏での核実験により大量の放射性核種が海洋環境中にもたらされました。現在でも海水，海底土，海産生物中のそれぞれにその痕跡が見られますが，海洋生態系や我々の生活を脅かすほどの量ではありません。

1945 年から 1980 年までの間に，大気圏内で核実験が少なくとも 543 回行われました。環境中に放出された主な核種と放出量を**表 7-1** に示します。チョルノービリ原発事故（Q29 参照）や福島第一原発事故（Q27 参照）による放出や原子力関連施設からの放出（Q10 参照）と比べ，大気圏内核実験による環境への放出量は多いにもかかわらず，1963 年に大気圏内・宇宙空間および水中における核兵器実験を禁止する条約が調印・発効されるまで，大気圏内核実験は続きました。一部の非調印国が実験を続行したものの，環境中に放出された放射性核種の量はそれ以前に比べると極めて少なくなりました。

大気圏核実験によって大気中へ大量に放出された放射性物質は大気の動きとともに広範囲に運ばれ，最終的にはフォールア

表 7-1 大気圏核実験により環境中に放出された主な放射性核種の放出量[1)]

核種	半減期	放出量（PBq）
ストロンチウム-89	50.5 日	117,000
ストロンチウム-90	28.8 年	622
ヨウ素-131	8.02 日	675,000
セシウム-134	2.06 年	～0
セシウム-137	30.2 年	948
プルトニウム-239	24,110 年	6.52
プルトニウム-240	6,564 年	4.35
プルトニウム-241	14.35 年	142

表 7-2　地球規模のフォールアウトにより海洋にもたらされたセシウム-137（文献 2 より作成）

	北極海	大西洋	インド洋	太平洋	合計
北半球	7	157	21	222	407
南半球	0	44	63	89	196
合計	7	201	84	311	603

単位：PBq

ウトと呼ばれる放射性降下物となって地表に降り注ぎました。当然，海洋にも多くのフォールアウトが降っています。したがって，海洋における人工放射性核種の汚染は 1960 年代初頭が最もひどい時期と考えられます。また，地球規模のフォールアウトによる環境中での放射性核種の分布は，大気による運搬，降水パターン，実験サイトの位置等によって影響を受けますが，セシウム-137 の場合，フォールアウトにより約 603 PBq が海洋にもたらされ，その半分は太平洋に降下しています（**表 7-2**）。太平洋には地球規模のフォールアウト起源の他に，マーシャル諸島での核実験によるローカルなフォールアウト起源のセシウム-137 も存在しています。

1960 年代初頭より，海水中のセシウム-137 はどのように変化したのでしょうか。北太平洋での変遷をたどってみましょう。**図 7-1** は，日付変更線の西側で，北緯 25 度から 40 度の範囲に入る海域で採取した表面海水中のセシウム-137 濃度の変遷です。観測した海域が広範囲に渡っているため，同じ試料採取時期であってもセ

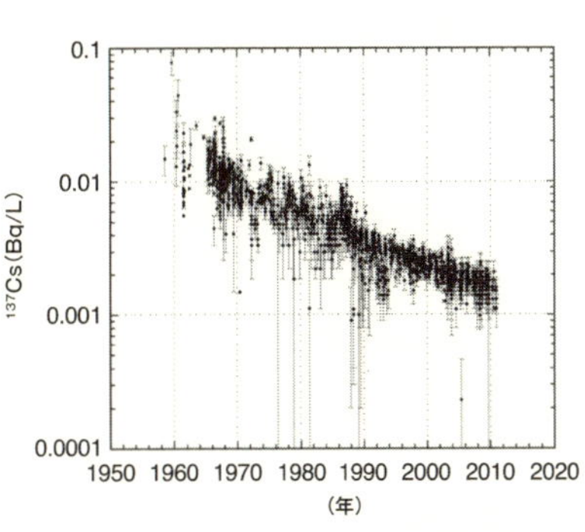

図 7-1　西部北太平洋における表面海水中のセシウム-137 濃度の時間変化（文献 1 より作成）

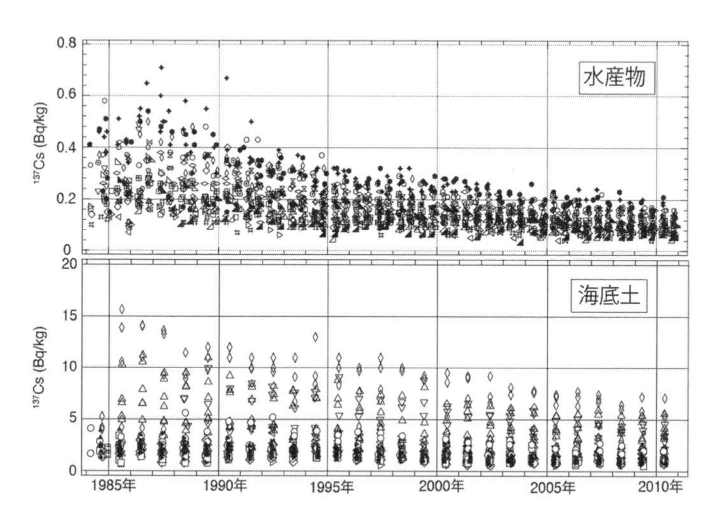

図 7-2　日本沿岸域における主な水産物と海底土中のセシウム-137 濃度の時系列変化（文献 4，5 より作成）

シウム-137 濃度は大きくばらついていますが，全体的な傾向として時間とともに減少しています。1960 年代初頭には最大 0.1 Bq/L に達しましたが，福島第一原発事故直前の 2010 年には 0.001-0.002 Bq/L のレベルまで減少しています。もう少し，観測海域を狭めた日本の沿岸域のデータを**図 7-2** に示します。やはり，全体的には時間とともに減少しており，福島第一原発事故前は 0.001-0.002 Bq/L のレベルになっています。表面海水中のセシウム-137 が減少する理由は 2 つ考えられます。一つはセシウム-137 自身の放射壊変です。半減期が約 30 年で，1963 年から 2010 年まで 50 年弱経ってますから，それだけでも濃度は半分以下に減少します。もう一つの理由には，海洋の水の循環があります。フォールアウトで汚染されたのは，主に海の表面です。したがって，汚染された表面の海水が比較的きれいな深いところの海水（もしくは，比較的汚染の少ない他の海域の海水）と混ざることで，表面の濃度が減少していきます。

それでは，核実験由来のセシウム-137が海産生物や海底土にどのくらい影響を与えたのでしょうか。残念ながら，1960年代から1980年代まで海産生物や海底土の放射性核種を系統的に継続して測定している例はありません。1980年代中盤あたりから，我々海洋生物環境研究所が依頼を受けて調査を開始し，モニタリングデータが揃ってきました。**図7-2**に結果を示します。図の上段は日本周辺の沿岸で漁獲された主要な魚種について，そのセシウム-137濃度の変遷を1984年から2010年まで示しています。下段は日本国内で稼働する原子力発電所の沖合海域で採取した海底土中のセシウム-137濃度の時系列変化です。海産生物中のセシウム-137濃度は1980年代中盤に0.1-0.7 Bq/kgの範囲でしたが，時間とともに減少し，2010年には0.04-0.2 Bq/kgまで減少しています。なお，各年の濃度には1桁以上のばらつきが見られます。これは魚種によってセシウム-137の取り込み方が違うためと考えられます。例えば，イカ類はほとんどセシウム-137を体内に濃縮しませんが，食物連鎖の上位に位置する魚食性の強い魚種は比較的高い濃度を示します。しかし，比較的高い濃度と言っても，漁獲物の市場への出荷規制値（100 Bq/kg）と比べると，無視しうるほど低い濃度です。すなわち，核実験由来の放射性核種が魚体内に検出されるけれども，その量は全く心配するレベルではないと言えます。

海底土中のセシウム-137濃度も一般的には時間とともに減少しています。ただ，観測点間での変化も非常に大きくなっています。これは海底の土質（すなわち，粘土質なのか，砂質なのか）によって含まれるセシウム-137 濃度が変わってくるためと考えられています。粘土質の強い海底土で濃度が高い傾向にあります。時間的な濃度減少のメカニズムは海水のようには簡単ではないようです。海底土も水平に動くことも考えられますし，海水に溶けているセシウム-137 が海底土に吸着したり，海底土中から再び溶け出したりしている可能性もあります。今後のさらなる研究が必要です。

参考文献

1) UNSCEAR (2000): Sources and effects of ionizing radiation, UNSCEAR 2000 Report to the General Assembly.
2) IAEA (2005): Worldwide marine radioactivity studies (WOMARS): Radionuclide levels in oceans and seas. IAEA-TECDOC-1429
3) Povinec P.P., Hirose K., Aoyama M. (2013): Fukushima Accident, Radioactivity Impact on the Environment.
4) Takata H., Johansen M. P., Kusakabe M., Ikenoue T., Yokota M., Takaku H. (2019): *Sci Total Environ.*, 675, 694-704.
5) Kusakabe M., Takata H. (2020): *J Radioanal Nucl Chem.*, 323, 567-580.

原子力発電の仕組みは？

Question 

山田　裕・眞道 幸司

原子力発電は，放射性核種のウラン-235 が核分裂するときに発生する熱で水を水蒸気に変え，タービンを回転させて発電します。

やかんの中のお湯が 100℃に近い温度で沸とうしているとき，注ぎ口から勢いよく水蒸気が出てきます。注ぎ口に風車を近づけると勢いよく回り始めることを皆さんは知っていますね。温度を 200℃以上に高め，発生する水蒸気の向きを整えることによって，蒸気の吹き出す力を強めることができ，鉄の羽のついたタービンも回すことができます。原子力発電所では，ウラン燃料によって水を沸騰させ水蒸気を作り，水蒸気の吹き出す強い力で蒸気タービンを回すことによって発電しています。

それでは，ウラン燃料で水を沸騰させる仕組みを見てみましょう。原子核で核分裂を起こしやすい元素の一つにウランがあります。天然に存在するウランには，原子核に中性子を当てると，２つの原子核に分かれやすい質量数 235 の「ウラン-235」と核分裂を起こしにくい質量数 238 の「ウラン-238」があって，世界 18 か国にある鉱山からウラン鉱石として掘り出されます。ウラン鉱石に含まれるウラン-235 の割合は約 0.7％と少ないので，細かく砕いてから溶かして精錬の後，濃縮することでウラン-235 の割合を３～５％くらいまで高めた棒状もしくは粒状のウラン燃料に加工されます[1)]。

原子力発電所では，放射線を外に漏らさないように遮蔽された原子炉の中にウラン燃料を入れ，中性子を当て，それをきっかけにしたウラン-235 の原子核の核分裂と２～３個の新たな中性子が放出される反応を進めます。新たに発生した中性子は

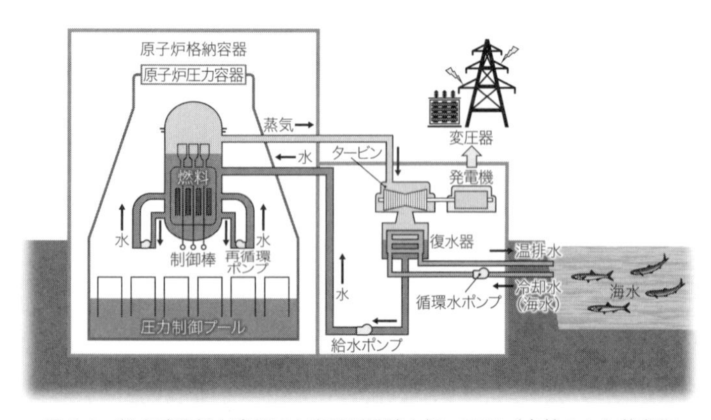

図 8-1　軽水減速軽水冷却圧力容器型沸騰水炉：BWR（文献 1 より著者作成）

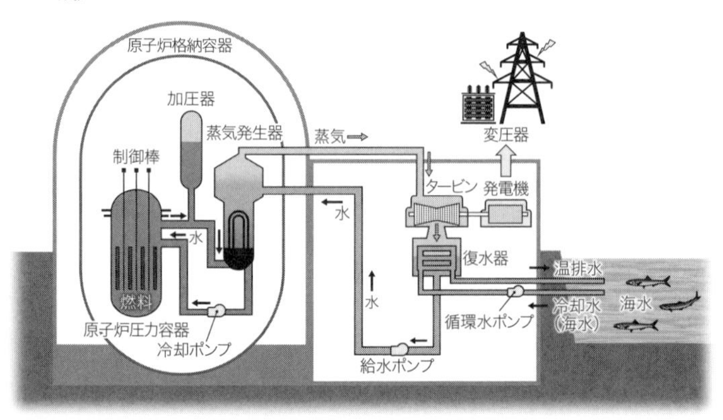

図 8-2　軽水減速軽水冷却圧力容器型加圧水炉：PWR（文献 1 より著者作成）

別のウラン-235 に当たって核分裂を起こし，ウラン-235 の核分裂が連鎖的に続きます。この次々と核分裂が進むことを臨界といいます。また，核分裂が起きるときには熱エネルギーも発生するので，核分裂が連続的にゆっくりと続くように制御して，効率よく熱エネルギーを取り出し，水を沸騰させ水蒸気を作り，蒸気タービンを回すことによって発電に利用しています。

日本で発電のために商用稼働している原子力発電所には，核分裂の調整の仕方や水蒸気を循環させる仕組みの違いによって，（1）沸騰水型原子炉（普通の水（軽水）を冷却と核分裂の調整に用い，炉心で核燃料に接触した水蒸気を直接タービンに導く，軽水減速軽水冷却圧力容器型沸騰水炉：BWR）と（2）加圧水型原子炉（普通の水（軽水）を冷却と核分裂の調整に用い，炉心で核燃料に接触した熱水で間接的に循環水を加熱しタービンを回転させる，軽水減速軽水冷却圧力容器型加圧水炉：PWR）の２型式があり，BWR が９か所で，PWR が７か所で稼働しています[1)]。

参考文献　1) 電気事業連合会（2022）：原子力発電・放射線の基礎，原子力発電のしくみはどうなっているの？，原子力コンセンサス，25–26. https://www.fepc.or.jp/library/pamphlet/consensus/index.html（2022 年 4 月 14 日ダウンロード）

原子力発電所から出る温排水には放射性物質は含まれていますか？放射性物質は原発事故以外でも海に放出されていますか？

Question 9

Answerer 山田　裕・眞道 幸司

海に存在する放射性物質は，天然に由来するもの，過去に行われた大気圏内核実験に由来するもの，原発事故に由来するもの，原子力発電所の通常運転時に大気や海へ排出されたものが考えられます。ただし，原子力発電所から排出される気体および液体状の放射性物質は国が定めた厳しい基準値以下になるように薄め，常時監視されています。

原子炉の中を循環して熱を伝える水と冷却に用いる海水の配管が分かれていますので，水蒸気を冷却することで温まった温排水にはウラン燃料や核分裂で生まれた放射性物質を含んだ原子炉内にある水が混じらない仕組みになっています（Q8 参照）。しかし，通常の発電中にも，原子炉内の圧力を一定にするため，原子炉内で発生した放射性物質（放射化生成物と言います）を含んだ気体の一部を外部へ放出します。また，原子炉や蒸気タービンのある建物内から放射性物質を含んだ空気を換気しています。放射性物質を含んだ空気はフィルターを通して放射性物質を洗い落とします。また，原子炉や蒸気タービンのある建物内での清掃や作業員の衣類洗濯に由来する放射性物質を含んだ廃液が大量の温排水で薄められ，海へ放出されます。一方，原子炉や蒸気タービンのある建物内で生じた固体状の放射性廃棄物や廃材は焼却や圧縮によって容積を減らしてセメントやアスファルトとともに固めた状態で，低レベル放射性廃棄物埋設センターへ輸送され，長期に保管されています[1)]。

海へ放出される放射性物質にはトリチウム，ヨウ素-131，コバルト-60 などが含まれていますが，外へ排出する前に必要な処理を行い，外部へ放出する際に放射能を測定し，発電所周

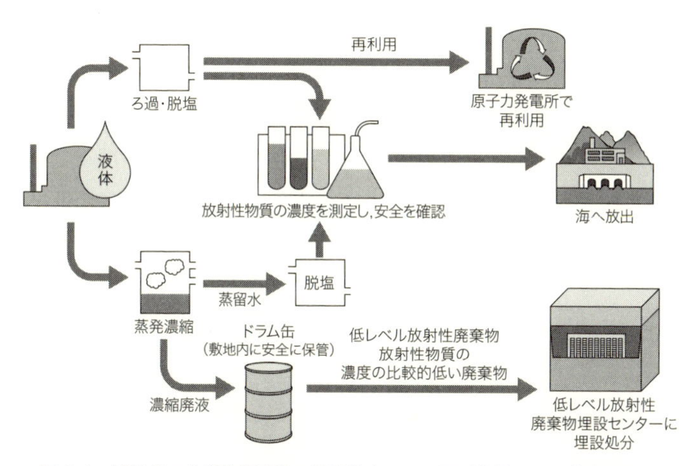

図 9-1　液体状の放射性廃棄物の管理放出フロー図（文献 1 より著者作成）

辺の人々が受ける放射線量が，法令（年間 1 ミリシーベルト以下）や国が定めた目標値（年間 0.05 ミリシーベルト）以下になるように，適切に管理をされています。万が一目標値を上回る場合には放出されることはありません[2)]。この放射線量は，私たちが自然界から受ける放射線量（日本に住んでいると平均で 1 年間に 2.1 ミリシーベルトくらいです）や，東京からニューヨークへ飛行機で往復した際に機内で受ける放射線量（往復で 0.1 ミリシーベルトくらいです）より少なく，人体に影響が出る心配はないと考えられています[3)]。

表 9-1　外部へ放出する際に守るべき限度（管理濃度）

放射性核種	排水や排液として捨てることができる濃度の限度 [1 立方センチメートル当たりの Bq]
トリチウム	60　(水として)
ヨウ素-131	0.04
コバルト-60	0.2
セシウム-137	0.09

参考文献
1) 電気事業連合会（2020）：原子力発電・放射線の基礎，原子力発電所や再処理工場からは放射線や放射性物質が出ているの？，原子力コンセンサス，27–28.
https://www.fepc.or.jp/library/pamphlet/consensus/index.html（2020 年 4 月 14 日ダウンロード）
2) 放射線を放出する同位元素の数量等を定める件，令和元年六月一日原子力規制委員会告示第一号.
3) 公益財団法人原子力安全研究協会 生活環境放射線編集委員会（2011）：新版 生活環境放射線（国民線量の算定）.

ヨーロッパなどの再処理施設から海洋への放射性物質の放出はありますか？

Question 10

日下部正志・城谷 勇陛

稼働する再処理施設から海洋へ放射性物質（核種）が放出されています。

原子力発電に利用されたウラン燃料は，含まれるウラン-238の一部が中性子を吸収してプルトニウムに変化しています。また，このプルトニウムの中には原子力発電の燃料として使うことができるもの（プルトニウム-239，241）が含まれます。発電に使用された燃料（使用済燃料）からプルトニウムとまだ燃料として使えるウラン-235を回収して，新たなウラン燃料やMOX燃料（ウランとプルトニウムの混合燃料）の原料として使えるようにするのが再処理施設です[1), 2)]。

再処理施設では使用済み燃料からウランやプルトニウムを回収するために使用済燃料を細かく切断し，酸によって溶かします。その後，ウランやプルトニウムを分離回収し，精製します（**図10-1**）。この処理過程で発生する気体および液体廃棄物にはキセノンやクリプトン，トリチウム，セシウム，ストロンチウム，ヨウ素などの核種が含まれています。これらの核種はさまざまな処理過程により可能な限り除去し，密閉容器やガラス固化させた形で貯蔵されます。また，十分安全であることを確認して厳しい管理のもとに一部は環境中に放出しています。再処理施設の周辺では放射能濃度や空間線量のモニタリングが行われ，環境や人々へ影響がないことを常に確認しています。

2011年時点において原子力発電所で発生した使用済燃料の再処理を自国内で実施している国は，フランス，イギリス，ロシア，インド，中国です。日本にも東海再処理工場や六ヶ所再処理工場がありますが，東海再処理工場は再処理を終了してお

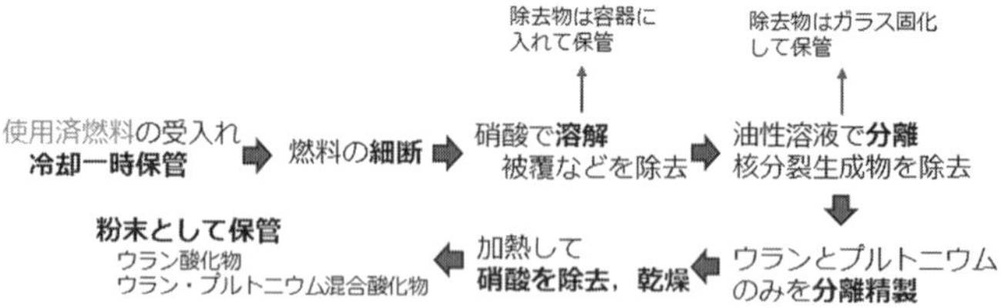

除去物は容器に
入れて保管

除去物はガラス固化
して保管

使用済燃料の受入れ
冷却一時保管

燃料の**細断**

硝酸で**溶解**
被覆などを除去

油性溶液で**分離**
核分裂生成物を除去

ウランとプルトニウム
のみを**分離精製**

加熱して
硝酸を除去，乾燥

粉末として保管
ウラン酸化物
ウラン・プルトニウム混合酸化物

図 10-1　再処理の過程

り，六ヶ所再処理工場は操業に向け準備中です。世界の再処理施設の中でも，大型の再処理工場がセラフィールド再処理工場（イギリス）とラ・アーグ再処理工場（フランス）であり，多くの使用済燃料を再処理してきました。**表 10-1** に 1970 ～ 1998 年までに二つの再処理工場から放出された放射性物質（核種）の量について示します。例えば，セラフィールドでは 1975 年に最高値 5,230×10^{12} Bq に達しましたが，以後減少にしており最近（2017 年）のデータですと 3 ×10^{12} Bq までになっています。10^{12} Bq と言われると，大量の放射性物質（核種）が放出されたと感じるかもしれません。しかし，1945 ～1963 年までの間に行われた大気圏核実験により放射性セシウム（セシウム-137）は 948×10^{15} Bq，放射性ストロンチウム（ストロンチウム-90）は 622×10^{15} Bq，トリチウムは 186×10^{18} Bq が地球上に放出されたと見積もられています。二つの再処理工場から放出された量の合計は大気圏核実験の約 0.04％（放射性セシウム）と約 0.01％（放射性ストロンチウム）とごくわずかであり，トリチウムに至っては 0.0008％と極めて少量です。さらに，トリチウムは天然由来の放射性物質（核種）であり，大気上層の空気の分子と宇宙から飛来する放射線の反応によって生成し，雨などによって地表に降り注ぎます。もともと地球上には天然由来のトリチウムが 1.0–1.3×10^{18} Bq 存在していました。再処理工場から放出される放射性

表 10-1 セラフィールド（イギリス）とラ・アーグ（フランス）からの放出量（液体）[3), 5)]

年	セラフィールド（イギリス）			ラ・アーグ（フランス）		
	^{137}Cs	^{90}Sr	^{3}H	^{137}Cs	^{90}Sr	^{3}H
1970	1,200	230	6,200	89	2	61
1975	5,230	466	1,400	34	38	411
1980	2,970	352	1,280	27	29	539
1985	325	52	1,062	29	47	2,600
1990	24	4	1,699	13	16	3,260
1995	12	28	2,700	5	30	9,610
1998	8	18	2,310	3	3	10,500
合計	38,837	5,528	52,458	961	1,106	89,197

単位：10^{12}(兆) Bq
合計は 1970 年より 1998 年までの毎年の測定値を合計

物質（核種）にはそれぞれの国が定める安全基準があり，その基準を満たした上で放出されています。

参考文献
1) 日本原子力学会（2015）: テキスト「核燃料サイクル」
http://www.aesj.or.jp/~recycle/nfctxt/nfctxt.html（2024 年 7 月 26 日閲覧）
2) 日本原燃株式会社ウェブサイト
https://www.jnfl.co.jp/ja/（2024 年 7 月 26 日閲覧）
3) Aarkrog, A.（2003）: *Deep-Sea Res. II*, 50, 2597–2606.
4) UNSCEAR（2000）: Sources and effects of ionizing radiation, UNSCEAR 2000 Report to the General Assembly.
5) UNSCEAR（2008）: Sources and effects of ionizing radiation, UNSCEAR 2008 Report to the General Assembly.

放射性物質の安全性や基準値は誰が決めているのですか？

Question 11

Answerer 宮本 霧子・眞道 幸司

科学者や専門家の集まる会議，国際連合の会議でさまざまな研究結果を話し合い，得られた結論に基づいて，各国の放射線防護を担当する部署が安全性や基準値を決めています。

既に知られていた放射線が与える影響への心配から，1924年に設立された医学分野での放射線影響の専門家会議の中に，専門家の立場から放射線に対する防護に関して勧告を行う学術組織である国際放射線防護委員会（ICRPと略されます）が1950年に発足しました。一方，国際連合では，加盟国の科学データを集めて放射線の影響を評価する原子放射線の影響に関する国連科学委員会（UNSCEARと略されます）が1955年に活動を始めます。また，1940年代に始まる原水爆核実験，多数の原子力施設の稼働開始に対して，すべての国，特に開発途上国が原子力の科学的知識と技術を平和目的に，安全に，安心に利用できるようにすることを目的に国際原子力機関（IAEAと略されます）が1957年に組織されました。

今日では，原子放射線の影響に関してUNSCEARが取りまとめる情報を根拠とし，ICRPが線量に基づいて放射線防護の方針や規制の目安を勧告し，IAEAがより具体的な基準を作って周知し，各国の規制担当部署がそれらを参考に安全性や基準値を設定するという国際的枠組みができています（**図 11-1**）。

医学での放射線利用，放射性物質の環境中での移行や存在量の調査，放射線が与える効果や影響に関する実験など，放射能に興味を持って研究を進める専門家が，今も世界で活動しています。このような研究で得られたさまざまなデータや結果に基づいて，UNSCEARは，科学的に最も確からしい放射線影響に

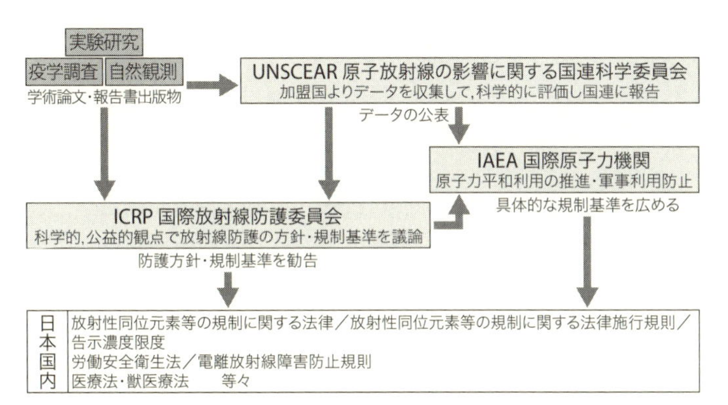

図 11-1　放射性物質の安全性や基準値を決める枠組み

関するデータを公表しています。また，ICRP は，独自に収集した調査研究結果や UNSCEAR の公表データに基づいて議論して，守るべき放射線防護の方針や規制基準値を公表します。さまざまな有用な化学物資を生活に利用するときと同じく，放射線を利用することで生活にベネフィット（利益や恩恵）が得られるが，リスク（影響の大きさとそれが起こる確率を加味した度合い；危険度とも言います）も伴うこと，またどんなにリスクが小さくなったとしても，ゼロにはならないので，「ベネフィットを得るときのリスクが容認できること」を科学的に判断し，公益にも反しないという観点で放射線防護の方針や規制基準（これ以上は容認できない限度）を勧告するという，「被ばくの正当化，防護の最適化，線量限度の適用」の考え方を用いています。

IAEA は，原子力平和利用の推進を目的に，ICRP の公表した放射線防護の勧告をより具体的に示した基準（国際基本安全基準と言います）を日本も含む加盟国が守るように活動するとともに，加盟各国はそれぞれの国の法律で国際基本安全基準を守る義務とその方法を定めています。日本では，放射性同位元素等の規制に関する法律，同施行規則，放射性物質を環境中に放出する場合の規制基準（告示濃度限度）などが定められています。

関連リンク

・原子放射線の影響に関する国連科学委員会（United Nations Scientific Committee on the Effects of Atomic Radiation）
https://www.unscear.org/
・国際放射線防護委員会（International Commission on Radiological Protection）https://www.icrp.org/
・国際原子力機関（International Atomic Energy Agency）
https://www.iaea.org/

参考文献
1）佐々木康人（2013）：医療放射線防護, 67, 6-7.
2）佐々木康人（2011）：学術の動向, 16, 80-82.
https://www.jstage.jst.go.jp/article/tits/16/11/16_11_11_80/_pdf（2023年9月22日ダウンロード）

海水採取作業で放射性物質の広がりを調査

Section 3 海洋での動き

海水中と空気中では放射性核種の広がり方は異なるの？

Question 12

Answerer 稲富 直彦・城谷 勇陛

異なります。一般的に，海水中に比べ空気中の方が，放射性核種の広がる速度は速く，一定期間に広がるスケール（広さ）も格段に大きくなります。空気中の放射性核種は，より短い時間で地上や海などへ落ちてしまいます。このため，大気中に取り込まれた放射性核種は，ジェット気流などに乗り，短い時間で広い範囲に広がり，地上および海上へ降下する一方，海水中に取り込まれた放射性核種はゆっくりと時間をかけて広がり，海洋中を長い時間旅することになります。

海水，空気，どちらも流体

海水は海洋という大きな器の中を満たすように，空気は地球の地上を取り囲むように，いずれも隙間なく連続的に存在し，自由に変形，移動することができるという性質を持っており，このような性質の物質を「流体」と呼びます。海水や空気中に放たれた放射性物質は，流体の動きに乗って移動することになります。

太陽熱が気流・海流を生む

海水および大気は太陽熱を貯めて重さを変える性質があるため，温まって軽くなった流体と，冷たく重たい流体の配置が動く対流という現象が起こります。地球が太陽から受ける熱量は低緯度の赤道域で多く，高緯度の極域で少ないため，流体が蓄える熱量は高緯度と低緯度で大きな差が生まれます。海洋は地表の約 70％を占め，大気は地球全体を取り囲んでいるため，熱量の差によって生じた対流によって大規模な流れ（気流や海

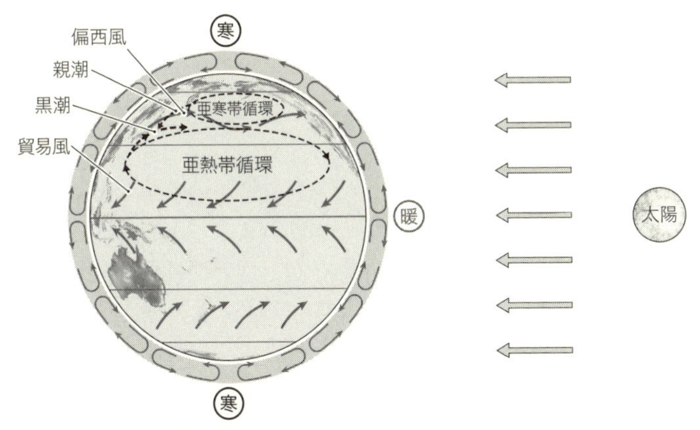

図 12-1　地球を取り囲む流体（大気・海水）の動きの概念図。→は大気の流れ，⇢は海流を表す。
地表の受ける単位面積当たり太陽光の密度は赤道域から極域に向かい低くなるため，低緯度〜高緯度間で温度差が生じる。この温度差を解消するため，地球を取り巻く流体が動くことになる。地球の自転と大気と海洋の相互作用がかかり図のような緯度方向のバンド上の強い気流や，海流が発生する。

流）が生まれ，太陽から受けた熱を地球全体に行き渡らせます（**図 12-1**）。

放射性核種を運ぶもの

皆さんは体一つで長い間海水に浮くことができますが，空気中に浮くためには，飛行機や気球など浮くための乗り物（これをキャリアと呼びます）を必要とします。人が海水に浮くことができるのは人の密度が海水より軽いためですが，海水の密度が大気より圧倒的に重い（海面付近で海水の密度は大気のほぼ1,000 倍！）ために可能とも言えます。

以上を理解した上でそれぞれの動きを説明しましょう。

《大気中での動き》

大気中に放出された放射性核種は，小さく軽い塵などのキャリアに吸着し，火山の噴火や暖められた空気の膨張などで発生した上昇気流に乗って高層大気に運ばれます。高層には先に説明した気流（ジェット気流）が存在し，放射性核種を全球的に運びます。ジェット気流は時速 30～80 km もの速度を持つため，１週間ほどで地球を一周してしまいます。しかし，大気そのものよりもキャリアは重たいため，自重や，雨粒などに取り込まれるなどして地上へ落下し，キャリアとともに放射性核種は数年後には大気中から抜け去って行きます。このように，大気中に取り込まれた放射性核種は，比較的短い時間で全地球的規模に広がるものの，数年以内に大気中から姿を消していきます。

《海水中での動き》

海水中に放出された放射性核種は，海水に溶ける（溶存すると言います）もしくは海水中のキャリア（懸濁物質と言います）に吸着するなどして浮遊しながら広がり，海流（黒潮・親潮等）に取り込まれます。黒潮は太平洋の赤道付近から西側を北上して中緯度を東に進み循環する亜熱帯循環の一部分となっており，地球の自転の関係で太平洋の西側に偏在し，海洋で最大にして非常に強い流れ（西岸境界流と呼びます）を形成しています。亜熱帯循環は円盤のようにどこでも均等な流れではなく，一周するのに約３年と言われています。また，亜熱帯循環も，海洋全体を 2,000 年かけて一周する大きな循環の一部となっています。海水に直接入り込んだり，大気中から沈着した放射性核種は，亜熱帯循環に乗り，太平洋上の表面を３年程度かけて循環していきますが，一部の放射性核種はキャリアとともに沈んだり，海水そのものの沈降に乗り，2,000 年ほどかけて海洋全体を循環する長期的な流れに取り込まれて行きます。このように，海水中に取り込まれた放射性核種は，大気中に比べ非常に長い時間をかけて太平洋全体に拡散し，さらに海洋の大循環に乗って全地球的規模に広がっていくものと考えられます。

特に，黒潮は福島沖をかすめるように通過し東進しているため，福島沿岸にある放射性物質を非常に効率的に運び出す効果があると考えられます。なお，実際に環境中に放出された人工放射性核種の広がり方は，個々の放射性核種の性質により異なっています。これらの詳細については，Q13に解説しています。

海洋ではどのように放射性物質が広がっているの？
（水平分布）多い海域と少ない海域があるの？
（鉛直分布）水面から深海まで広く存在していますか？

Question 13

Answerer 山田 正俊・稲富 直彦

海洋における人工放射性核種の主要な起源である大気圏内核実験によって放射性降下物として海洋表面にもたらされた放射性核種は，海流によって水平方向に広がり，表層海水の混合や鉛直拡散および陸起源の土壌粒子や生物起源粒子などに吸着して海水中を沈降し鉛直方向に広がります。

放射性核種には，もともと地球上に存在している天然放射性核種と人間が原子力や医学利用のために人工的に作った人工放射性核種があります（Q5 参照）。ここでは，海洋でどのように人工放射性核種が広がっているかについて説明します。

海洋における人工放射性核種の主要な起源は，旧ソ連やアメリカなどが行った大気圏内核実験によって全地球上に放射性降下物として降り注いだもの（Q7 参照）です[1)]。さらに，チョルノービリや福島第一原発事故により放出されたもの（Q27, 29 参照）やヨーロッパの核燃料再処理施設から放出されたもの（Q10 参照）などもあります。

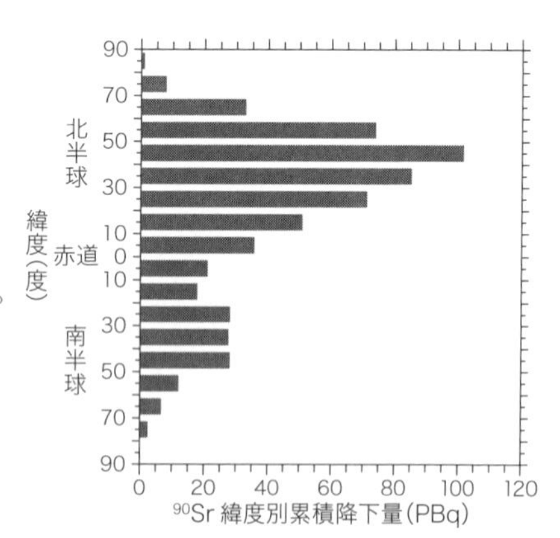

図 13-1　大気圏核実験によるストロンチウム–90 の緯度別累積降下量[1)]

水平分布で「多い海域と少ない海域があるの？」の答えは，イエスです。大気圏内核実験による放射性核種の累積降下量は，北半球

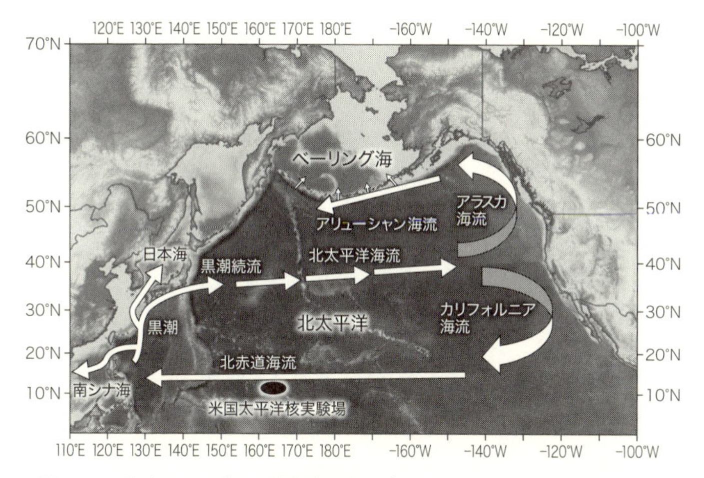

図 13-2　海流によるビキニ核実験起源のプルトニウムの移行過程[2)]

の中緯度（北緯 40-50 度の緯度帯）で最も大きく，両極域（南北 80-90 度）で少なくなっています（**図 13-1** 参照）[1)]。このように緯度帯による降下量に違いが出るのは，旧ソ連，中国，アメリカなどが行った大気圏内核実験場の場所（緯度）に依存するためです。さらに，原子力発電所事故や再処理施設からの放出なども局所的な分布をするため，多い海域と少ない海域ができます。このようにして海洋に入った放射性核種はその場に留まっているわけではなく，水の動きに沿って水平的に移行したり（**図 13-2** 参照），モード水と呼ばれる水塊とともに沈み込んだりします。

鉛直分布で「水面から深海まで広く存在していますか？」の答えも，イエスです。放射性核種には，ストロンチウム-90（半減期：28.79 年）やセシウム-137（半減期：30.2 年）のように海水中で溶けた状態（溶存態）で存在するものとプルトニウム-239（半減期：24,110 年）のように粒子との反応性に富み，粒子態となりやすいものがあります。溶存態の放射性核種は，

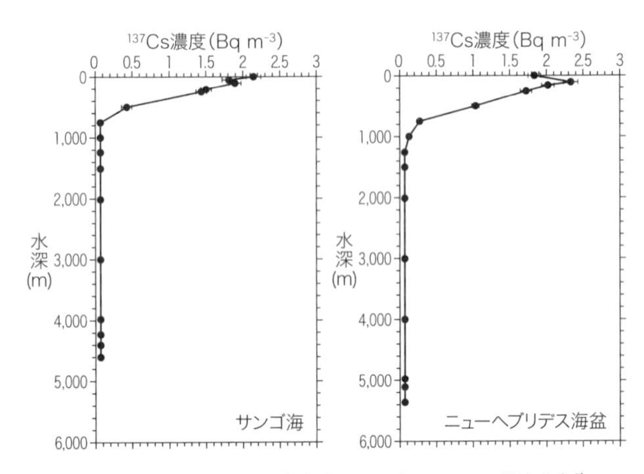

図 13-3　南太平洋における海水中のセシウム-137 の鉛直分布[3]

水深 1,000 m くらいまで鉛直拡散・混合により移行します（**図 13-3** 参照）。一方，プルトニウムなどの粒子との反応性に富む放射性核種は，黄砂などの陸起源土壌粒子やプランクトンの糞粒・遺骸などの生物起源粒子に吸着して鉛直方向に運ばれ，水面から深海・海底直上まで広く存在しています（**図 13-4** 参照）。また，沿岸域の海底土に比べてその蓄積量は小さいですが，水深 4,000 m を超える深海底土中にもプルトニウムなどの粒子との反応性に富む放射性核種の存在が確認されています。

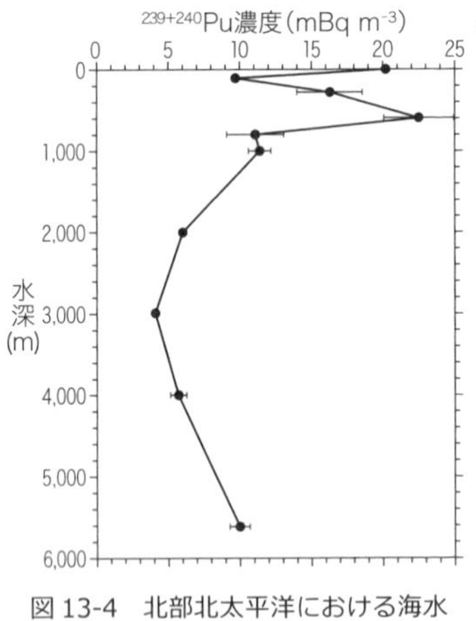

図 13-4　北部北太平洋における海水中のプルトニウムの鉛直分布[2]

参考文献
1) UNSCEAR (2000): Sources and Effects of Ionizing Radiation, The UNSCEAR 2000 Report to the General Assembly, with Scientific Annexes.
2) Yamada, M., and Zheng, J. (2020): *Sci. Total Environ.*, 718, 137362.
3) Yamada, M., and Wang, Z.L. (2007): *Sci. Total Environ.*, 382, 342–350.

陸上にあるような“ホットスポット”は海にもあるの？

Question 14

Answerer 山田 正俊・稲富 直彦

福島第一原発事故により放出された放射性核種の一つであるセシウム-137は，約8割が海洋にもたらされました。放出されたセシウム-137の一部は，近海に沈着・堆積しました。このようにして沈着・堆積して局所的に濃度が高い場所を“ホットスポット”とするのであれば，海にも“ホットスポット”はあります。

福島第一原発事故により，大気を経由して北太平洋に沈着したセシウム-137（および同量のセシウム-134）は12-15 PBq（ペタベクレル），2011年3月下旬から4月上旬に原子炉建屋から直接漏洩した高濃度汚染水に含まれるセシウム-137は3-6 PBqと見積もられています（Q27参照）。

事故直後の2011年5月から2015年1月における，宮城，福島，茨城県沖の海底土の表層3 cmに沈着しているセシウム-137の濃度変化を**図14-1**[1]に示します。その結果，セシウム-137の濃度は1.7-580 Bq/kgとなり，空間的にも時間的にも大きく異なることが明らかになりました。また，福島第一原発から放出されたセシウム-137のうち，0.2-2％がこの海域に蓄積しており，残りの大部分は海水の流動とともに外洋に運ばれたこともわかりました[2]。セシウム-137濃度の変動が大きいことは，海底土を構成する粒子の比表面積，海底土に含まれる有機物の量や海底地形の違いなどが影響したと考えられています。また，同一地点で堆積した海底土を同時に柱状で抜き出した8本の試料間でもセシウム-137の濃度変動が大きいことも見出しました。

このように，堆積した海底土には事故後，セシウム-137が

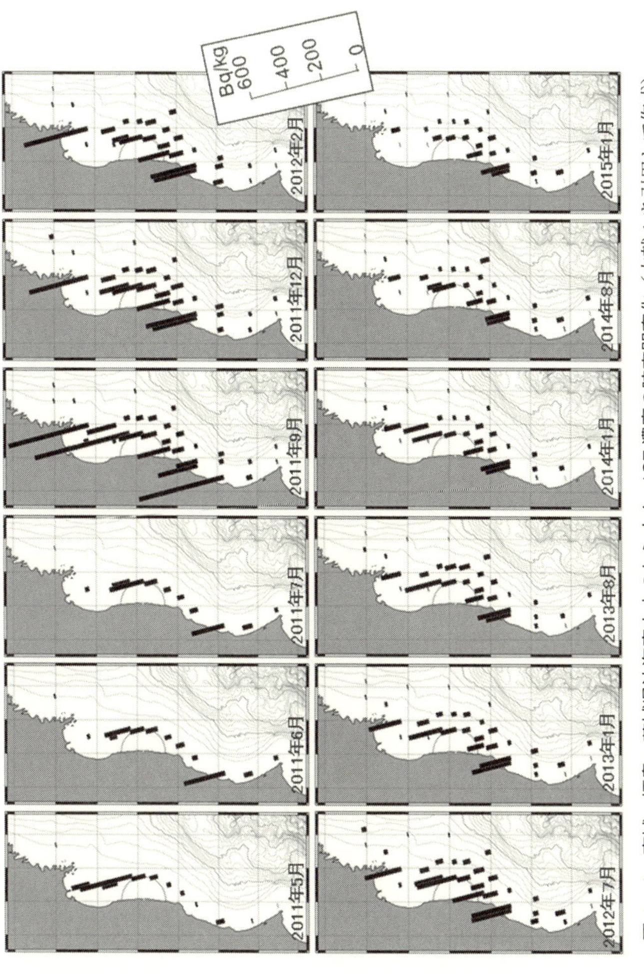

図 14-1　宮城，福島，茨城県沖海底土中のセシウム-137 濃度の時空間変化（文献 1 を引用して作成）

不均一に存在しているようでしたが，柱状に抜き出した試料による観測で得られたデータだけでは，陸上の航空機観測のように広く面的な分布の状態を網羅することはできません。

そこで，東京大学生産技術研究所と海上技術安全研究所の研究グループは，独自に開発した曳航型ガンマ線スペクトロメータを用いて，船上から検出器を投下し，海底面に接触させながら直上を曳航して海底土中のガンマ線の連続測定を行いました（**図 14-2**）[3)]。格子状に広範囲な曳航調査をすることで，柱状試料による観測では得られなかった放射性核種の分布を面的に把握しました。このようにして，セシウム-137 濃度が周辺より高いところが点在していること，海底のくぼみ地形の泥質部分にセシウム-137 が高濃度で蓄積しやすく，時間が経っても濃度が減少しにくいことがわかりました。また，セシウム-137 濃度は砂質，岩が分布する海域では低いこともわかりました。

事故直後にエーロゾル（空気中に漂う微細な粒子）中に高濃度の放射性セシウムを含有する微粒子が見つかっていますが[4)]，この微粒子が陸上土壌中のみならず海洋にも存在することが確認されています[5)]。このような微

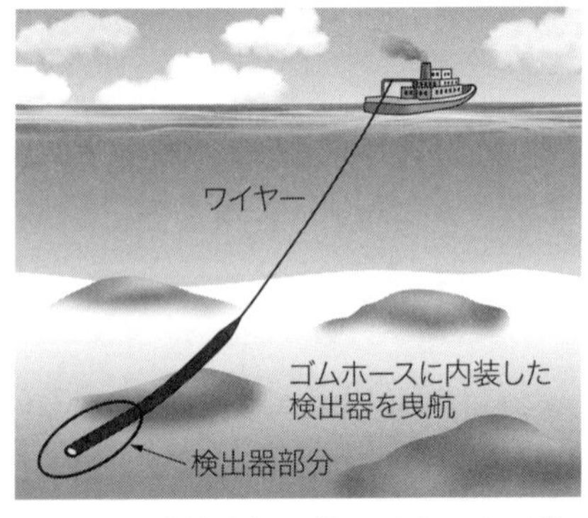

図 14-2　曳航型ガンマ線スペクトロメータ[3)]

粒子が海洋にどの程度の量で存在するかは明らかになっていませんが，高濃度に放射性セシウムを含有する微粒子の存在の有無が海底土中のセシウム-137濃度の変動に寄与していることが明らかになっています(**図14-3**)[6]。

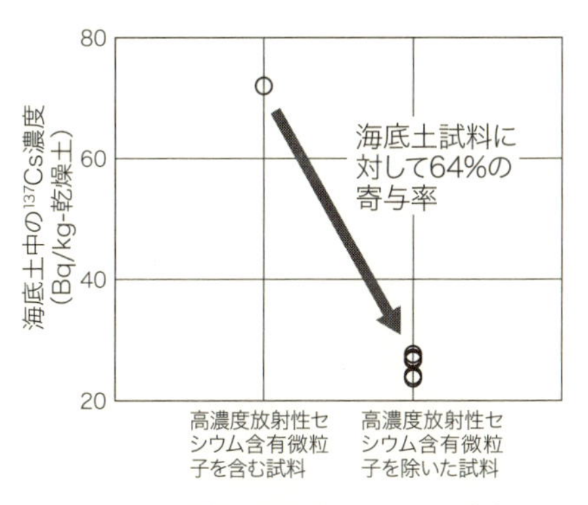

図 14-3　高濃度に放射性セシウムを含有する微粒子の海底土中濃度に対する寄与率[6]

参考文献

1) 公益財団法人海洋生物環境研究所（2015）：平成 26 年度原子力施設等防災対策委託費（海洋環境における放射能調査及び総合評価）事業 調査報告書.
2) Kusakabe, M., Oikawa, S., Takata, H., Misonoo, J.（2013）: *Biogeosci*., 10, 55019–5030.
3) 国立研究開発法人海上技術安全研究所（2016）：原子力規制庁委託事業 平成 27 年度放射性物質測定調査委託費（海域における放射性物質の分布状況の把握等に関する調査研究事業）成果報告書. https://radioactivity.nra.go.jp/ja/docs/reps/sea-area-distribution/2016-06
4) Adachi, K., Kajino, M., Zaizen, Y., Igarashi, Y.（2013）: *Sci. Rep.*, 3, 2554.
5) Ikenoue, T., Ishii, N., Kusakabe, M., Takata, H.（2018）: *PLOS ONE*, 13, e0204289.
6) Ikenoue, T., Takehara, M., Morooka, K., Kurihara, E., Takami, R., Ishii, N., Kudo, N., Utsunomiya, S.（2021）: *Chemosphere*, 267, 128907.

海洋に入った放射性物質はどのような運命をたどりますか？どのような挙動をしますか？

Question 15

Answerer 山田 正俊・池上 隆仁

海洋に入った放射性核種は，潮汐や海流などによって水平方向に運ばれたり，陸上から河川・風を通して海に運ばれた土壌粒子や海洋表層で生産されたプランクトンの糞粒・遺骸などで形成された粒子に吸着して鉛直方向に深い方へ運ばれたりします。そして，鉛直方向に運ばれた放射性核種の一部は粒子の分散・粒子からの脱着により海水中に戻り，残りはそのまま沈降して海底に堆積して埋没します。

福島第一原発事故により放出された放射性セシウム（セシウム-137, セシウム-134）を例にして，海流などによる水平方向への輸送について説明します。また，粒子に吸着しやすいプルトニウムを例にして，鉛直方向の輸送についても説明します(海水の動きや広がりについては，Q12, 13 を参照)。

福島第一原発事故由来の放射性セシウムは，大気を経由して海面に降下したものと原発建屋から海水中へ直接漏洩した高濃度汚染水に含まれるものがあります（Q27 参照)。大気から降下した放射性セシウムと直接漏洩した放射性セシウムは，黒潮・黒潮続流・北太平洋海流に沿って，北太平洋中緯度域を日本から北アメリカ大陸に向けて1日当たり約7 kmの速度で移動しました。事故後約1年で太平洋中央部日付変更線まで到達したことが確認されています（**図 15-1** 参照)[1]。放射性セシウムはその後も希釈されながら，約3年をかけて日本沿岸から東部北太平洋のアラスカ湾に到達しました。北アメリカ大陸に到達した北太平洋海流は，アラスカ海流（北向き）とカリフォルニア海流（南向き）に分岐しますが，福島第一原子力発電所事故由来のセシウム-137がアラスカ海流とアリューシャン海流

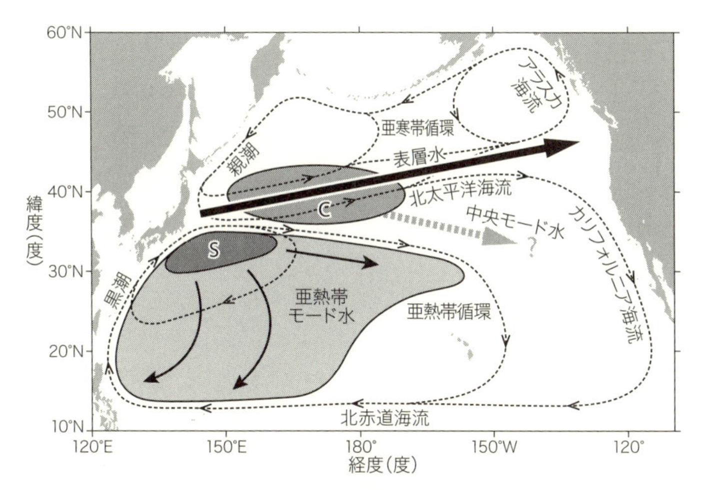

図 15-1　福島第一原発事故由来のセシウム–137 の主要な移行経路[1]

によって北部北太平洋やアラスカ湾に到達したことが確認されています。今後，希釈されて濃度は極めて薄く海洋生態系には全く影響のない濃度になりますが，日本近海に戻ってくることが予想されます。また，黒潮・黒潮続流の南側に大気降下した放射性セシウムは，冬に冷やされた表面水の沈み込みに伴って亜熱帯域の亜表層（水深約 200 ～ 400 m）を南に運ばれ，事故後 5 年で亜熱帯循環全体に広がりました[1), 2)]（**図 15–1** 参照）。

一方，大気圏内核実験 は 1950 年代から 1960 年代にかけて行われ，60 年以上が経過していますが，海洋にもたらされたプルトニウムなどの人工放射性核種は，海水中濃度の鉛直方向の分布，海表面から海底面までを一本の柱（水柱と言います）に見立てた場合の存在量が現在も時間とともに変化しています。特に，粒子との反応性に富み粒子に吸着しやすいプルトニウムなどの放射性核種は，海流などによって水平方向に運ばれながら，陸起源の土壌粒子や生物起源粒子に吸着して粒子の姿で，一部は海洋深層に運ばれます。鉛直方向への粒子による

図 15-2　沈降粒子捕集装置

物質の輸送過程を調べる手段として，沈降粒子捕集装置（セジメントトラップ）が用いられます。セジメントトラップとは，ロート型の捕集容器を海中の一定水深に係留設置し，捕集瓶を取り付けたターンテーブルを任意の時間ごとに回転し，その設定期間ごとに海水中の沈降粒子を捕集する装置です（**図 15-2** 参照)。これを用いて，海水中での鉛直輸送量や季節変化などを調べることにより，粒子による吸着・沈降・除去過程すなわち放射性核種の挙動・運命を解明することができます。

貧栄養な外洋ではプランクトンが少ないため沈降粒子による鉛直輸送量が小さく，プルトニウムの沈降・除去があまり行われないため，堆積した海底土中での存在量は極めて小さくなります。一方，陸地に近い沿岸などの縁辺海域では，一般に生物生産が活発で生物起源の粒子が多く，河川や風により運ばれた陸起源粒子も豊富に存在しますので，このような海域まで海流により運ばれたプルトニウムは，ここで活発な沈降・除去が行われます。そのため，縁辺海域の海底土には，大気圏内核実験によって降下した量よりも過剰にプルトニウムが存在しています。実際，相模湾では大気圏核実験によって海上に降下した量に比べて，10 倍を超えるプルトニウムが他の場所から運ばれ沈降し，蓄積しているところもあります（**図15-3**参照）[3)]。このように，大気圏内核実験起源のプルトニウムなどは，日本周辺海域などの縁辺海域まで運ばれて，そこで堆積するという運命をたどります。

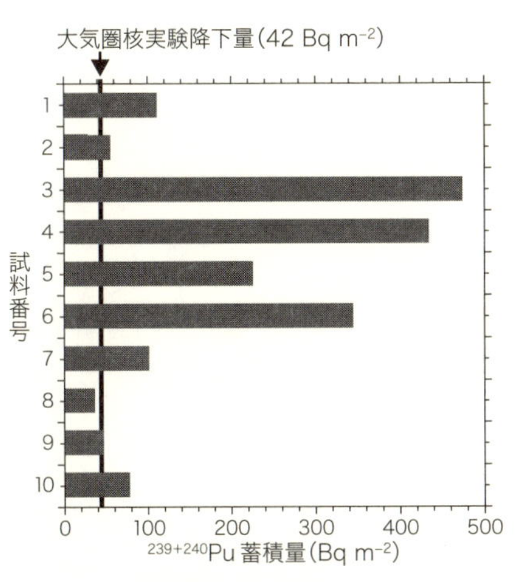

図 15-3　相模湾における海底土中のプルトニウムの蓄積量[3)]

参考文献

1) 熊本雄一郎，青山道夫，濱島靖典，永井尚生，山形武靖，村田昌彦（2017）：分析化学，66, 137–148.

2) Aoyama,M., Hamajima, Y., Inomata, Y., Oka, E.（2017）：*App. Rad. Isot.*, 126, 83–87.

3) Yamada, M., Nagaya, Y.（2000）：*J. Radioanal. Nucl. Chem.*, 246, 369–378.

放射性核種を使って海洋の水の動きを調べることができるって本当ですか？

Question 16

山田 正俊・池上 隆仁

本当です。放射性核種はそれぞれ固有の半減期を持っているため時間をはかるものさしとして利用できます。海洋で起こっているさまざまな事象を解明するために，放射性核種は時間を刻む化学トレーサーとして極めて有用です。例えば，海水中に溶存している放射性核種を使って海洋の水の動きを調べることができます。

海水の流動を調べるために有用な放射性核種には，トリチウム（半減期：12.32 年）と炭素-14（半減期：5,700 年）があります。有用であるかどうかは，供給源，供給時期などがはっきりしているか，高精度のデータを多く得ることができるかなどが条件になります。これらの放射性核種は，大気圏内核実験に由来するというように供給源がはっきりしていて，ある時期にある量が一時的に海洋に付加されており，過渡的トレーサーと呼ばれます。例えば，水槽（海洋）の中に墨汁（放射性核種）を垂らし，黒色が水槽の中で水平や鉛直の方向にどのように広がっていくかを追跡することで，水の動きがわかるのと同じ原理です。

トリチウムは，水素同位体の一つで，海洋では水分子として海水と全く同じ挙動をします。自然界には高層大気中で宇宙線の核反応により生成したトリチウムもあります（Q1 参照）。一方，大気圏内核実験や原子力施設事故などで大気中に放出された放射性核種が地上に降下することや地上に降下したもの（放射性降下物）をフォールアウトと言い，現在海洋に存在するトリチウムの大部分は，1960 年代前半の大気圏内核実験によるフォールアウト（Q7, 13 参照）が北半球の高緯度を中心

図 16-1　地球化学的大洋縦断研究における大西洋の観測点および航跡図[1)]

にもたらされて，海水中に広がったものです。

1970 年代にアメリカによって計画された地球化学的大洋縦断研究（GEOSECS と言います）において，大西洋，インド洋，太平洋の全海洋にわたり大規模な海洋観測が行われました（**図 16-1** 参照）[1)]。このプロジェクトでは，トリチウム，炭素-14 をはじめ，ラジウム同位体，トリウム同位体，鉛-210，ポロニウム-210，セシウム-137，ストロンチウム-90，プルトニウム同位体など多くの放射性核種の広範な測定が世界で初めて行われ，多くの成果が得られました。その成果の一つに，西部北大西洋における海水中のトリチウム濃度の鉛直分布の測定から，北大西洋深層水が沈み込んでいる様子が捉えられました（**図 16-2** 参照）[2]。北大西洋の低緯度海域ではトリチウムの検出は水深が浅いところに限られていましたが，北緯 40 度以北の高緯度海域では深海底付近まで達していることを明らかにしました。これは，トリチウムが水分子として海水と全く同じ挙動を取ることから，高緯度海域（グリーンランド沖）で表面海水が深層まで沈み込んでいることをはっきりと捉えた証拠となりました[2]。また，大気圏内核実験によるフォールアウトと観測した時間から，どれくらいの時間で深海まで達したか，沈み込みの時間スケールまで明らかになりました。さらに，1981 年のトランジェント・トレーサー計画，1990 年代の世界海洋循環実験計画で再び同じ測定が行われました。1981 年の測定によって，1972 年から 1981 年の 9 年間で，高緯度海域で沈み込んだ深層水は時間が経つにつれて次第に大西洋を南向きに約 800 km 南下したことが明らかになりました。

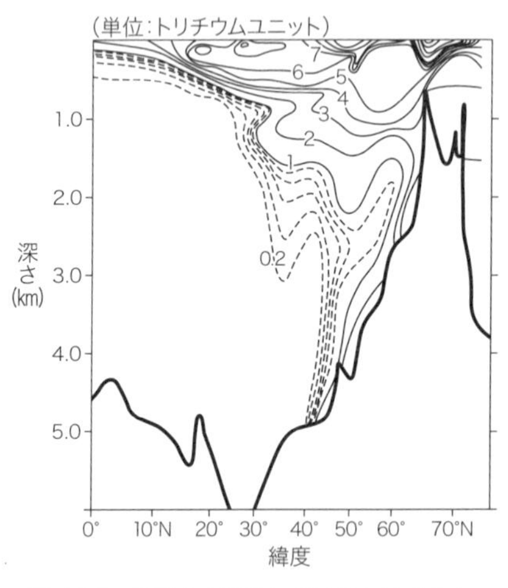

図 16-2　西部北大西洋におけるトリチウム濃度の断面図（1972–1973 年）[2]

地球化学的大洋縦断研究では，トリチウムと同じように炭素

-14 の測定も行われました。トリチウムの測定から明らかになった西部北大西洋高緯度海域（グリーンランド沖）で沈み込んだ表面海水が大西洋を南下し，インド洋（南大洋）を経由し，南太平洋から北太平洋に至るまでの海洋大循環や深層水の年齢まで明らかになりました。詳細についてはQ12やQ13を参照してください。

参考文献

1) Broecker, W.S., Peng, T.-H. (1982): Tracers in the Sea. Eldigio Press.
2) Östlund, H.G., Rooth, C.G.H. (1990): *J. Geophys. Res.*, *Oceans*, 95 (C11), 20147–20165.

放射性物質を使って魚の生態を調べることができる？

Question 17

Answerer 池上 隆仁・神林 翔太

放射性物質を使って魚の生態を調べる研究例はまだ乏しいものの，測定手法の開発が進められています。特に，海水中に極微量に存在する放射性の炭素を分析し，魚の生態を調べるための研究が，国内外で行われています。

自然界の炭素の同位体には ^{12}C（以下，炭素-12），^{13}C（以下，炭素-13），^{14}C（以下，炭素-14）の３つがありますが，炭素-12：炭素-13：炭素-14＝0.99：0.01：1.2×10^{-12} の割合で存在しており，炭素-14 は１兆分の１というわずかな量です。このうち炭素-14 は半減期（Q3 参照）が約 5,730 年の放射性核種です。炭素-14 は，宇宙空間を飛び交う高エネルギーの放射線である宇宙線が地球大気中へ進入する際に大気中の窒素に衝突することで生じます。炭素-14 の一部は二酸化炭素として海洋に吸収されます。海水の混合により海洋の深層に運ばれた炭素-14 は，時間とともに放射壊変により減少します。

海水の流れには，海上を吹く風の力によって生じる海洋表層の水平方向の流れと海水の水温と塩分による密度差によって生じる海洋深層の大規模な流れ（以下，深層循環）が存在します。深層循環は，表層の海水が北大西洋のグリーンランド沖と南極大陸の大陸棚周辺で冷却され，重くなって底層まで沈み込んだ後，世界の海洋の底層に広がり，底層を移動する間にゆっくりと上昇して表層に戻るという約 1,000 年スケールの大規模な流れです[1)]（**図 17-1**）。この深層循環の全体像は 1970 年代に行われたアメリカの研究プロジェクトによって世界中の表層と深層で採取した海水中の炭素-14 の濃度*を測定し，海水の年齢を知ることで明らかになりました[2)]。また，深層循環によっ

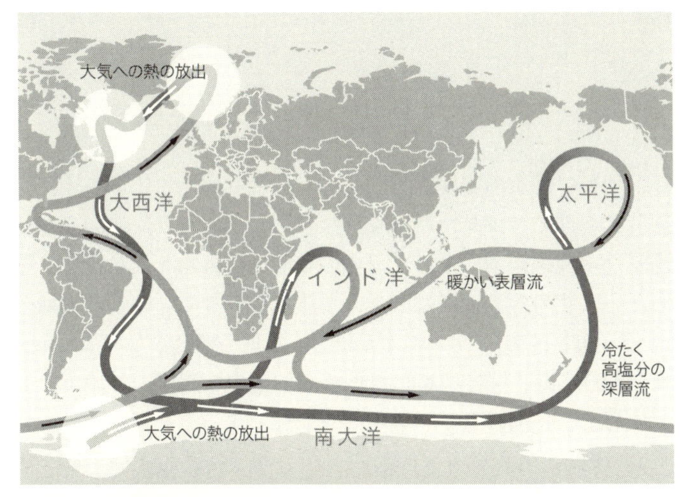

図 17-1　深層循環の模式図
海洋の循環を表層と深層の二層で単純化したもので，濃い線は深層流，薄い線は表層流を示す。（気象庁ウェブサイトより引用して作成）

て深層から古い炭素-14を含んだ海水が供給される海域では海水中の炭素-14は周囲に比べ年齢が古く（すなわち炭素-14の量が炭素-12と比べると相対的に少ない），海域によって差が生じることが知られています。魚類は生息する海域や水深，食べる餌から炭素-14を体内に取り込みますので，炭素-14の年齢と海洋における地理的分布を利用することで魚類の炭素-14濃度から魚類の餌の起源や行動の履歴などを知ることができます[3)]。

炭素-14を使って魚の生態を調べた初期の研究としては，晩春のモントレー湾においてメバルの幼魚の餌の起源を推測した研究があげられます。局地的な湧昇流が強くなるほどメバルの炭素-14濃度が減ることを発見し，メバルの餌の起源が炭素-14の枯渇した湧昇流にあることを示しました[4)]。

西部北太平洋の深層水と表層水の炭素-14濃度の違いは，近年，魚類の回遊の履歴を特定するために利用されています。西部北太平洋で湧昇した冷たく，栄養素は豊富だが炭素-14 が枯渇した水塊は親潮に乗って日本の東北沖の表層を流れます。そのため，北の親潮域では炭素-14 濃度が少なく，南の黒潮域では相対的に高い炭素-14 濃度の水塊が分布しています（**口絵 5**）。東北沖で採集した魚の筋組織中の炭素-14 濃度を測定すると，一部の魚が黒潮南部を起源とすることがわかりました[5)]。また，ヒウチダイの耳石（魚の頭部にある硬い組織。魚の成長とともに大きくなる）の年輪にある炭素-14 濃度が内側（幼魚時代）から外側（成魚時代）に向けて高くなっていることから，ヒウチダイは幼魚のときは炭素-14 濃度の低い水深 400〜500 m に生息し，成熟すると炭素-14 の高い表層に移動していることがわかりました[5)]。

耳石は年齢を知る重要なツールですが，サメのような硬質の骨を持たない軟骨魚類は，骨の年輪を数えることができないため，これまで正確な年齢を知ることができませんでした。しかし，サメの眼の水晶体の炭素-14 の分析から，ニシオンデンザメというサメのある個体の年齢が 400 歳にまで達することを示した研究グループも現れました[6)]。

これらの研究をより大きな地理的および時間的スケールに応用することで，炭素-14 濃度の変動から地球温暖化の結果として海流の変化が海洋生態系をどのように変えていくのかを追跡することが期待されます。

＊ここで言う炭素-14 濃度とは，標準物質（アメリカ国立基準技術研究所（NIST）から提供されているシュウ酸）と試料との炭素-14/ 炭素-12 濃度比の相対的な差を示します。試料中の炭素-14 濃度が大きいほど炭素-14 の存在比が大きくなります。

参考文献

1) Broecker, W.S., Peng, T.H.（1982）: Tracers in the Sea. Eldigio Press.
2) Östlund, H.G., Stuiver, M.（1980）: *Radiocarbon*, 22, 25-53.
3) Larsen, T., Yokoyama, Y., Fernandes, R.（2018）: *Methods Ecol. Evol.*, 9, 181–190.
4) Rau, G.H., Ralston, S., Southon, J.R., Chavez, F.P.（2001）: *Limnol. Oceanogr.*, 46, 1565–1570.
5) 横山祐典, 大河内直彦（2017）: 現代化学, 552, 44–46.
6) Nielsen, J., Hedeholm, R.B., Heinemeier, J., Bushnell, P.G., Christiansen, J.S., Olsen, J., Ramsey, C.B., Brill, R.W., Simon, M., Steffensen, K.F., Steffensen, J.F.（2016）: *Science*, 353, 702–704.

魚に比べて濃縮係数が低いイカ・タコ類（写真はアオリイカ）（Divervincent）

Section 4 生物への影響

海の生き物はどのようにして放射性物質を体内へ取り込むのですか？

Question 18

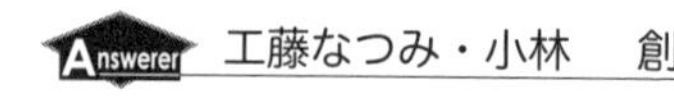
Answerer 工藤なつみ・小林　創

周囲の海水や食べる餌と一緒に，生き物の周りの放射性物質が体内に入ってきてしまうためです。

海の生き物が体内に放射性物質を取り込む経路として，①身の周りにある海水から入ってくる，②生きるために食べる餌とともに入ってくる，の２つが考えられます。

まず，①身の周りにある海水と一緒に放射性物質が体内に入ってくる場合を見てみましょう。海の生き物は体内の塩分と身の回りの海水が一定のバランスを取る働きを持ち，余計な水分や成分は体外へ排出されます。この塩分のバランス調節（浸透圧調節と言います）において，放射性物質は体内に取り込まれる一方，尿として水分とともに排出もされる結果，周囲の海水と同程度の濃度となります。

では，②の餌の場合はどうでしょう。海の中には光合成をする植物プランクトン，植物プランクトンを食べて生きる動物プランクトン，動物プランクトンを食べて生きる小魚（例えば，イワシなど），小魚を食べて生きる中～大型の魚（例えば，カツオやマグロ）の他，エビやカニ，ウニなどさまざまな生き物がいます。生き物は，自身が成長し生きていくために他の生物を食べ，体内で消化吸収します。そのときに，餌に含まれる放射性物質も体内へ取り込まれやすく，吸収しやすさは，生物がその元素を栄養として必要とするか，必要としている元素と似た挙動をしているか，元素が生体の組織と化学的に結びやすいかのいずれかが理由となります。また，放射性物質の中には，すぐに排出されず，体内に残るものもあることがわかっています。

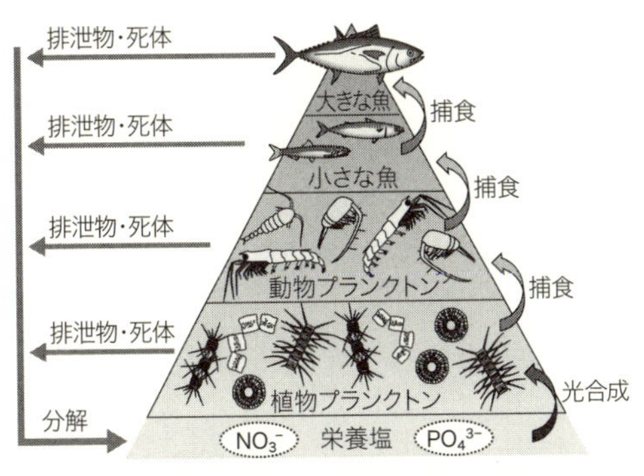

図 18-1　海の生態系内での食物連鎖の関係（食物網・生態系ピラミッド）

表 18-1　海産生物の可食部の濃縮係数（IAEA 技術文書[2] のデータから表を作成）

元素※	可食部の濃縮係数（環境水中濃度に対して可食部に含まれる濃度の比）				
	海藻類	軟体類（貝類）	甲殻類（エビ・カニ類）	頭足類（イカ・タコ類）	魚類
セシウム	50	60	50	9	100
ストロンチウム	10	10	5	2	3
ヨウ素	10000	10	3	—	9

※それぞれが放射性核種の総量を示す。

生き物同士の食う食われるの関係は，しばしば「生態系ピラミッド」や「食物網」と表されます（**図 18-1**）。動物プランクトンは餌となる植物プランクトンの取り込み量で，小さな体の中に放射性物質が溜まります。動物プランクトンを餌として食べる小型の魚は，動物プランクトンに溜まっていた放射性物質を体内に取り込んでしまいます。動物プランクトン 1 個体の大きさは小さいので，1 個体の中の放射性物質の量はわずかですが，それよりははるかに大きな魚は体を成長させて生き続けていくために，多量の動物プランクトンを食べ続けます。その結果，小魚の体内に動物プランクトンの体内より多くの放射性物質が溜まることになります。そして小魚を食べる中～大型の魚も，自分の体を成長させて生き続けるために，放射性物質が溜まった小魚を食べ続けることによって，さらに多くの放射性物質が体内に溜まりやすくなります。

こうした海水や餌とのやりとりの結果，生物の体内に取り込まれる放射性物質の量は，生物の種類や取り込まれた放射性物質の化学的な性質により違いが生じます。例えば，海産魚のセシウムに関しては，海水中の 100 倍程度の濃度になる（これを濃縮係数が 100 と言います）と言われています（**表18-1**）[2]。福島第一原発事故前に日本近海で採れた海産物のモニタリング調査によると，イカやタコはあまりセシウムを濃縮しない（濃縮係数：9～30，**Q21** 参照）一方，スケトウダラは最も高い濃縮係数（同：約 110）を示しました。魚種ごとに詳しく調べてみると，濃縮係数は多岐にわたっていました[3]。

また，トリチウム（放射性の三重水素）については，生息環境の海水中濃度とほぼ同じ水準で，ほとんど生物体内に濃縮せず，濃縮係数はほぼ 1 となっています[4]。

参考文献
1) 日本生態系協会ウェブサイト：言葉の説明，生態系ピラミッド. http://www.ecosys.or.jp/aboutus/explanation/index.html（2020 年閲覧，現在はアクセス不能）
2) IAEA（2004）：Sediment Distribution Coefficients and Concentration Factors for Biota in the Marine Environment, 422.
3) 高田兵衛，日下部正志，池上隆仁，横田瑞郎，高久 浩（2019）：海洋と生物，41, 377–384.
4) 江藤久美（1980）：*RADIOISOTOPES*, 29，503–512.

4 生物への影響

海底の生き物は，海中を泳ぐ魚より放射性物質を多く取り込みますか？

Question 19

Answerer 横田 瑞郎・神林 翔太

海底の生き物だけが，海中を泳ぐ魚よりも特別に多く取り込むとは言えません。生物体内の放射性物質は，生きている場所の水や泥，餌生物に含まれる放射性物質を取り込んだ結果です。したがって，生物体内の放射性物質の濃度は，生物の体の仕組みや，生物が生きている水や底の環境に影響されます。

海の中にはもともと自然にあった放射性物質（自然放射性核種）と，昔の大気圏内核実験や原発事故などで放出された人工的なもの（人工放射性核種）が存在しています。ここでは，私たちの生活環境や食生活への影響が心配される人工放射性核種の中で，海の中に存在して生物体内に取り込まれやすい放射性セシウムを例に説明します。

セシウムは，ナトリウム（Na）やカリウム（K）と同じアルカリ金属に分類され，環境，とりわけ生体内での挙動に類似性があります。例えば，カリウムは筋肉を動かす上で重要な役割を果たしていますが，この類似性により，セシウムも生物体内の組織の中でも特に，動物の筋肉に取り込まれやすい性質があります。

2011年3月に発生した福島第一原発事故のときに放出された放射性セシウムは，大気中や海水中に広がるとともに，時間の経過に従って海底にも沈みました[1]。事故直後は，海水中に溶け込んだ放射性セシウムが速やかに広がって薄まったこともあり，特に表層性の遊泳魚の放射性セシウム濃度は，速やかに低下しました[2]。一方，海底に沈んだ放射性セシウムについては，海底付近に長く留まることによって，長期間にわたって海底で生活する生物に影響を及ぼすことが心配されました。しかし，福島第一原発事故から９年が経過した2020年になって，海底で生活する魚やエビ，カニ，貝などの生物の放射性セシウムの濃度が高いということはなく，ほとんどの生物が事故直前の濃度レベルに近づいていて，事故直後から続いている放射能検査の結果を見てもほとんど検出されていません[3)]。

これには，いくつかの理由が考えられています。一つの理由としては，放射性セシウムには，細かい泥に吸着するとなかなか離れない性質があることです。特に泥の割合の高い海底では，海底に沈んだ放射性セシウムの多くが泥に吸着しているようです。海底の泥の中の生物を探して食べている魚の例では，食べ物とそれ以外のものをとても上手に分けて食べている様子で，胃袋や腸の中から泥が出てくることはないため，食べたものを介して筋肉中に取り込まれることはほとんどないと考えられます。魚以外の海底付近で生活する生物についても，仮に泥が胃や腸などの消化管内に入っても，放射性セシウムの大部分が粘土に吸着するなど生物が利用できない形態になっているため，筋肉などの組織に入ることは限定的なのではないかと考えられています[4)]。しかし，その理由について詳しいことはよくわかっていません。

以下に，もう一つの可能性として考えられることを述べます。海に溶けている放射性セシウム濃度が同じ環境のもとで，食う－食われるの関係（栄養段階）の弱い方から，さらに魚では底生動物など小さな餌から魚など大きな餌を食べる順に並べると，海底であまり動かない生活をしているエビ，カニやゴカイの仲間などの底生動物（ベントス）の筋肉中の放射性セシウム濃度が，泳ぐ魚の筋肉中の放射性セシウム濃度よりも低く，ベントスを餌とする魚は魚食性の魚より筋肉中の放射性セシウム濃度が低い傾向を示しました（**図 19-1**）[5)]。この点について，ゴカイの仲間と魚では筋肉の仕組みが大きく違っており，ゴカイでは主に平滑筋，魚では主に横紋筋と呼ばれる筋肉であり，横紋筋は平滑筋よりも活発に動く仕組みに進化しています。海底であまり動かないゴカイなどの生物が持っている平滑筋には，放射性セシウムを取り込みにくいような仕組みがあるのかもしれません。

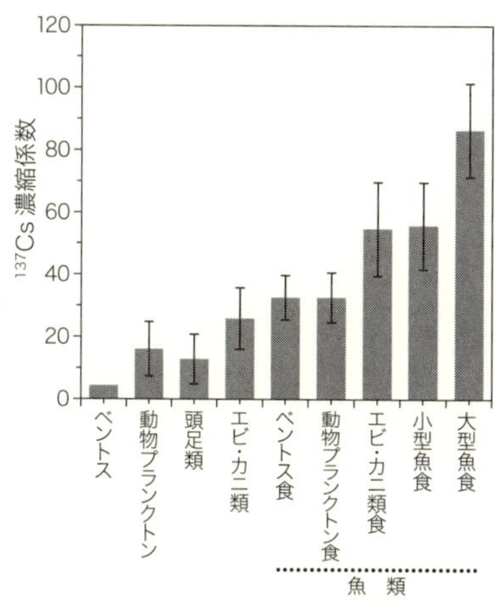

図 19-1　海の生物のセシウム-137 の濃縮係数
濃縮係数は海水中のセシウム-137 濃度に対する生物中（主に筋肉中）のセシウム-137 濃度の比を示す（文献 5 より著者再作成）

参考文献

1) 日下部正志 (2014): 電気評論, 99, 44–45.
2) 横田瑞郎, 渡邉剛幸, 野村浩貴, 秋本 泰, 恩地啓実 (2015): 海洋生物環境研究所研究報告, 21, 33–67.
https://www.kaiseiken.or.jp/publish/reports/report2015.html
3) 水産庁ウェブサイト: 水産物の放射性物質調査の結果について.
https://www.jfa.maff.go.jp/j/housyanou/kekka.html (2020 年閲覧)
4) 重信裕弥, 安倍大介 (2014): 中央水産研究所主要成果集, 12, 10.
http://nrifs.fra.affrc.go.jp/ugoki/pdf/ugoki_012_010.pdf
5) 笠松不二男, 川辺勝也, 石川雄介, 河村廣巳, 飯淵敏夫, 鈴木 譲 (1999): 海生研リーフレット, 11.
https://www.kaiseiken.or.jp/publish/leaflets/lib/leaf11.pdf

プランクトンを食べるイワシより小魚を食べるマグロの方が放射性物質を取り込みますか？

Question 20

Answerer 横田 瑞郎・土田 修二

一部の放射性物質において，魚食性の魚（例えばマグロ）の体内濃度が，プランクトン食性の魚（例えばイワシ）よりも高くなることがわかっています。これには，食物連鎖と呼ばれる生物の「食う－食われるの関係」が影響しています。

「食う側の生物」が「食われる側の生物」より濃度が高くなっていくことを「生物濃縮」と言います（Q18参照）。生物濃縮は，多くの種類の放射性物質や重金属などの化学物質で見られる現象であり，ここでは昔の大気圏内核実験や原発事故で放出された人工の放射性物質の中で，海水中に存在して生物体内，特に動物の筋肉に取り込まれやすい放射性セシウムを例に説明します。

生物濃縮の大きさを表す数字として，濃縮係数が使われています。これは，海水中の濃度に対する生物体内の濃度の比を表す数字で，海の魚の例で言えば，「魚が生息している海水中に溶けているセシウム-137 濃度」に対する「魚の体内のセシウム-137 濃度（通常は筋肉部の濃度を示す）」の比となります。魚の濃縮係数の値は，プランクトン食性の魚よりも魚食性の魚の方が高い値を示しています（例えば，Q19の**図 19-1**）。したがって，プランクトン食性の魚と，魚食性の魚が生息している海水中のセシウム-137 濃度が同じ環境であれば，魚食性の魚の方が高い濃度となります。生物濃縮についてはもう少し詳しく説明します。海水中に溶けているセシウム-137 がプランクトンに取り込まれる際，海水でのセシウム-137 濃度 1 に対して 20～40 倍高いセシウム-137 濃度となり，この 20～40 倍のセシウム-137 濃度となったプランクトンを食べた魚は，プランクトンと比べてさらに最高で2.5倍程度高いセシウム-137濃度（海水中の濃度の100倍）となります[1)]。魚食性の魚の中では，小型の魚を食べる魚よりも，大型の魚を食べる魚の方が高いセシウム-137濃度となる傾向があります（**Q19**の**図19-1**）。

ところで，プランクトン，小型魚，大型魚などが「食う－食われるの関係」でつながっていることを「食物連鎖」と言い，海のプランクトンと魚のセシウム-137濃度の生物濃縮には，この食物連鎖が関わっています。ただし，海に生きている生物に取り込まれるセシウム-137の濃度が，食物連鎖による生物濃縮によって限りなく高くなることはないことに注意する必要があります。また，生物濃縮の大きさを表す濃縮係数の値は，福島第一原発事故後の事故地点周辺の海のように海水中のセシウム-137濃度が時間とともに変化している場合には正しい値を示さず，海水中のセシウム-137濃度が安定している場合に意味をなす値であることに注意する必要があります。

2011年3月の福島第一原発事故以前にも海には，昔の大気圏内核実験などで放出されたセシウム-137が存在していましたし，事故でもセシウム-137が放出されましたが，放射性物質は放射線を放出し，放射線を出さない安定した物質に変わる性質があるため，放射性物質が海へ新たに追加されなければ，海に溶けているセシウム-137の量は少しずつ減っていきます。したがって，食物連鎖によってプランクトンよりも魚の方が高くなる傾向はあっても，海産生物のセシウム-137濃度は海水のセシウム-137濃度の低下に連動して下がっていったのです

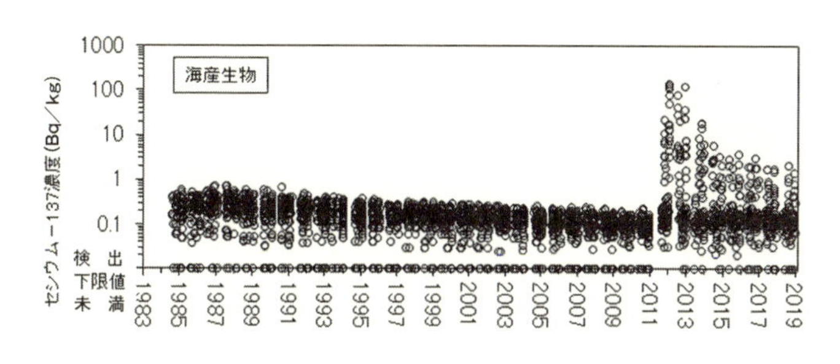

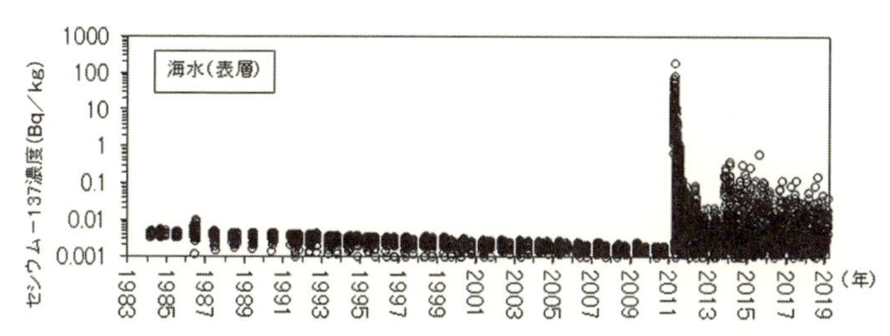

図 20-1　海産生物と海水のセシウム-137 濃度の推移
調査海域は日本国内の原子力発電所が立地している 15 海域（文献 2 より著者作成）

（**図 20-1**）[2]。福島第一原発事故後は，特に福島県周辺の海水のセシウム-137 濃度が上昇したため，そこに生きているほとんどの生物のセシウム-137 濃度も上昇しました。しかし，事故で放出されて海水に溶け込んだセシウム-137 の濃度は，海の中で広がって薄まったために急速に下がり，生物についても，海水中で濃度低下よりやや遅れたものの，海水中の濃度低下に対応して着実に低下しました[3]。

参考文献
1) IAEA (2004): Sediment Distribution Coefficients and Concentration Factors for Biota in the Marine Environment, 422, 26–72.
2) 公益財団法人海洋生物環境研究所（2020）: 漁場を見守る 海洋環境における放射能調査及び総合評価事業 海洋放射能調査（平成 31（令和元）年度）.
3) 日下部正志（2014b）: 海洋と生物, 36, 277–282.

エビ，カニ，イカ，タコ，貝，ナマコ，ホヤも放射性物質を体内へ取り込みますか？

Question 21

横田 瑞郎・道津 光生

放射性物質は，これらの生物体内にも取り込まれます。取り込まれる放射性物質の濃度には，放射性物質の種類や生物の種類による違いが見られており，エビ，カニ，イカ，タコなどの無脊椎動物は，魚類よりも濃度の低い傾向が見られています。

生物体内に取り込まれた放射性物質について，生物種や放射性物質の種類によって，生物体内に取り込まれる濃度に大きな違いがあります。これまでに数十種類が報告されています[1)]。動物の筋肉部に取り込まれやすい放射性セシウムは特に報告事例が多いため，セシウム-137を例に以下で説明します。

放射性セシウムでは，「食う－食われるの関係」で上の位置にいる生物ほど体内の濃度が高くなる，いわゆる「食物連鎖に伴う生物濃縮」の傾向が見られています。生物濃縮の大きさの程度を表す濃縮係数を見ると，「食う－食われるの関係」で上の位置にある魚が高い値を示しています（**表21-1**）[1)]。また，魚食性の高い魚種は特に高い傾向にあることが知られています。一方，「食う－食われるの関係」で魚より低い位置にあると考えられるエビ，カニ，貝などの濃縮係数は，魚よりも低い値を示しています（**表21-1**）[1)]。エビ，カニは生きた生物だけでなく死骸や残骸

表21-1　海の生物のセシウム-137濃縮係数*
（文献1より作成）

生物の種類	セシウム-137の濃縮係数
イカ・タコ類	9
植物プランクトン	20
動物プランクトン	40
海藻類	50
エビ・カニ類	50
貝類	60
魚類	100

*セシウム-137の濃縮係数＝[生物中セシウム-137濃度]/[海水中セシウム-137濃度]

なども食べており，魚食性の魚のように生きた魚を捕まえて食べるようなことはほとんどありません。また，貝類は，魚やエビ，カニと比べるとあまり移動せずに定着し，生物の死骸や残骸を餌とするもの，海藻類などを食べているもの，水中の懸濁物や動植物プランクトンを濾し採って食べる二枚貝等であり，生きた魚を捕まえて食べるようなことはほとんどありません。同様に，ナマコ類は生物の死骸や残骸，海藻類などを，ホヤは海底の岩などに付着して主にプランクトンや懸濁物などの水中に漂うものを食べています。以上のような食性から，エビ，カニ，貝類，ナマコおよびホヤは，濃縮係数が魚よりは低い値を示すと考えられます。

一方，イカとタコについては，エビ，カニや魚などを好んで食べる肉食性なので，「食う－食われるの関係」では魚と近いもしくはそれ以上の位置にありますが，濃縮係数はすべての海産生物の中でも低い値になっています（**表 21-1**）[1]。実際にも，2011 年 3 月の福島第一原発事故後，放出された放射性セシウムの影響によって海の生物の放射性セシウム濃度が上昇したとき，イカやタコから検出された濃度は，魚よりもかなり低い値でした（**図 21-1**）[2),3),4)]。水産庁や福島県漁業協同組合連合会，東京電力ホールディングスのホームページで公表されている放射性セシウム（セシウム-137＋セシウム-134）濃度の測定結果[2),3),4)] を集計してみると，2011 年 3 月から 2019 年 3 月の期間において海の生物で国の基準値を超えた試料数は，魚では 2,710 試料（約 127,000 の測定試料の約 2 %）でしたが，イカ・タコではわずか 2 試料（約 11,000 の測定試料の約 0.02%）

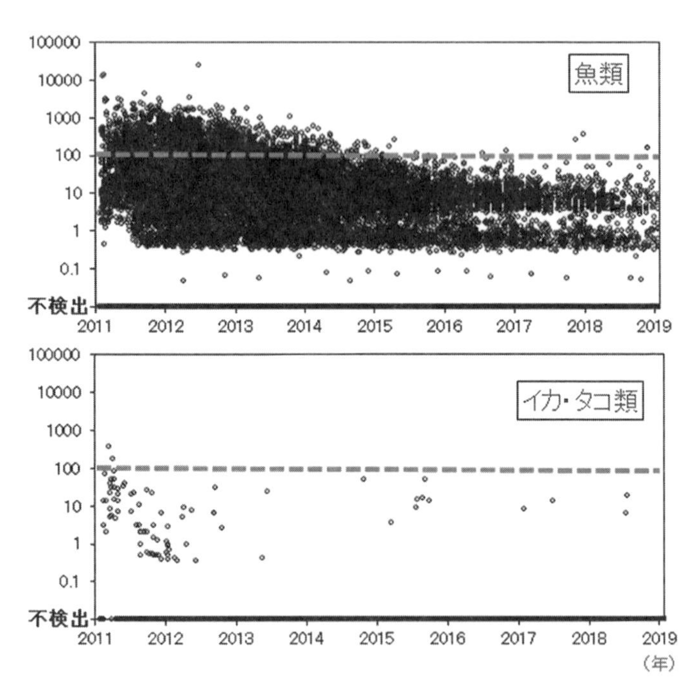

図 21-1　福島第一原発事故後の魚類，イカ・タコ類の放射性セシウム（セシウム-137＋セシウム-134）濃度の推移（文献 2, 3, 4 より作成）（単位：Bq/kg －生鮮物）

であり，その濃度も魚の 1/100 程度でした。なぜ「食う－食われるの関係」では魚と近い上位となるイカやタコ類が低い濃度となる理由について詳しいことはわかっていません。

以下に可能性として考えられることを述べます。魚とイカ・タコの筋肉構造には違いが知られており，イカ・タコの筋肉は斜紋筋，魚の肉筋は横紋筋と呼ばれています。魚の横紋筋の方が細かな動きをすることができる構造に進化しています。魚とイカ・タコの筋肉部の放射性セシウム濃度の違いは，ゴカイの仲間などの底生動物における仮説（Q19 参照）と同様に，筋肉構造の違いが関係しているのかもしれません。

参考文献
1) IAEA (2004): Sediment Distribution Coefficients and Concentration Factors for Biota in the Marine Environment, 422, 26–72.
2) 福島県漁業協同組合連合会: 漁協によるスクリーニング検査結果. http://www.fsgyoren.jf-net.ne.jp/siso/sisotop.html (2019年閲覧)
3) 水産庁ウェブサイト: 水産物の放射性物質調査の結果について. https://www.jfa.maff.go.jp/j/housyanou/kekka.html (2020年閲覧)
4) 東京電力ホールディングスウェブサイト: 魚介類の分析結果, 福島第一原子力発電所20km圏内海域, アーカイブ. http://www.tepco.co.jp/decommission/data/analysis/ (2020年閲覧)

ワカメやコンブのような海藻は放射性物質を体内へ取り込みますか？

Question 22

池上 隆仁・馬場 将輔

海藻は放射性のヨウ素（ヨウ素-129，ヨウ素-131）などの放射性物質を体内に取り込むことがこれまでに報告されています。海藻は生物に濃集しやすいとされる親生元素（C，H，O，N，S，P，Ca，Kなどのように生物体内に比較的多量に存在する元素のほか，微量ではあっても生物体に必須の元素）の中でもヨウ素を多く取り込むことが知られています。そのため，放射性ではない安定のヨウ素（ヨウ素-127）と一緒に放射性のヨウ素も体内に取り込みます。以下では海藻の中でも特にヨウ素を濃集することが知られているコンブ類中のヨウ素-129の取り込みについて説明します。

海藻にはヨウ素が豊富に含まれています。例えばコンブ類の一種であるマコンブは，自然界で最もヨウ素を蓄積する生物の一つであり，海水中のヨウ素（約 60 ng/g）を細胞内に 30,000 倍に濃縮し，蓄積します[1)]。

海洋中のヨウ素の同位体は，主に安定同位体ヨウ素-127と放射性同位体ヨウ素-129（半減期 約 1,570 万年）の 2 種類があります。ヨウ素-131（半減期 8.02 日）も大気圏内核実験や原子力施設での事故によって環境中に放出されていますが，短寿命核種であるため，平常時であれば環境中には存在しません。ヨウ素-127は天然由来でヨウ素-129に比べて大量に存在し，人為的な変動は無いに等しいです。環境中のヨウ素-129には四つの起源があります。(1) 地球大気中に進入した宇宙線（Q17参照）と大気中のキセノン-129との反応，天然に存在するウラン-238の自発核分裂，(2) 大気圏内核実験による飛散，(3) 使用済核燃料再処理施設からの放出，(4) 原子力関連

4 生物への影響

施設の事故による放出です。(1) は天然由来で，(2)～(4)は人為起源です。2007年時点の日本近海の海水中ヨウ素-129のうち，2.4～3％が天然由来，6.8～14％が核実験由来，87～90％が再処理施設からの放出に由来します[2)]。2004年時点での世界の再処理施設からのヨウ素-129総放出量は約5,400 kgと推定されていますが[3)]，その中でもヨーロッパの再処理施設からのヨウ素-129放出量は約90％を占めました[4)]。青森県六ヶ所村の再処理施設では，2006年4月から2008年10月までの期間に実際の使用済み核燃料を用いた運転試験を実施しました。この期間中ヨウ素-129は，気体廃棄物として0.11 kg，液体廃棄物として0.077 kgが放出されました[5)]。これらの量は，欧州の再処理施設から放出されたヨウ素-129の0.004％に過ぎません。

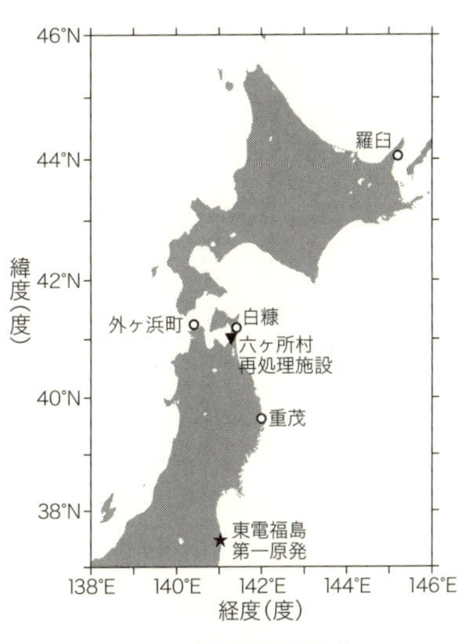

図22-1　コンブ類試料の採取点
○がコンブ類試料採取点，▼が六ヶ所村再処理施設，★が福島第一原子力発電所を示す。

海洋生物環境研究所では，1991年から六ヶ所村再処理施設周辺海域の海水の放射性核種のモニタリングを実施してきました。また，モニタリングの一環として，2007年から北海道，青森県，岩手県の沿岸でコンブ

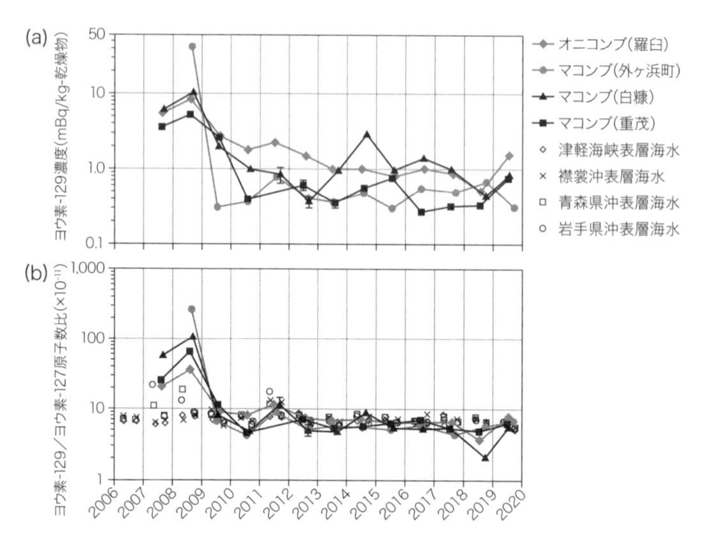

図 22-2　(a)コンブ中のヨウ素 –129 濃度，(b)コンブおよび海水中のヨウ素 –129/ ヨウ素 –127 原子数比

類中のヨウ素-129濃度の調査を実施してきました[6)]（**図 22-1**）。コンブ類に含まれるヨウ素-129 濃度は，六ヶ所村再処理施設の試験運転期間中ヨウ素-129 の放出量が最も高かった 2007〜2008 年の期間に 3.6〜42 mBq/kg- 乾燥物であり，それ以外の期間（2009〜2019 年）の濃度範囲（0.27〜2.9 mBq/kg-乾燥物）に比較して高い値が観測されました（**図 22-2(a)**）。しかし，2008 年 8 月に観測された最大値である 42 mBq/kg- 乾燥物は，一般食品の基準値である 100 Bq/kg を大きく下回っており，六ヶ所村再処理施設から放出されたヨウ素-129 はコンブ類のヨウ素-129 濃度をわずかに上昇させたものの，我々の健康に影響を及ぼすものではありませんでした。

海藻中のヨウ素-129 濃度は，海藻中のヨウ素取り込み能力の個体差や，環境ストレスによっても変化しますので，上で述べたようにヨウ素-129濃度の変動がわずかな場合，自然変動との違いは見分けづらいです（**図22-2(a)**）。

そこで環境中のわずかなヨウ素-129の変動の指標としてヨウ素-129濃度よりも有効と考えられるのが海藻中のヨウ素-129とヨウ素-127の原子数比です。ヨウ素-127とヨウ素-129は質量数にほとんど差がないため，海水から海藻への取り込みと排出の過程において区別されません。そのため，海水中のヨウ素-129濃度にほとんど変動がなく一定の状態が続いていれば，ヨウ素-127とヨウ素-129は海水と同じ割合で海藻中に取り込まれ，海水と海藻との間でヨウ素-129/ヨウ素-127原子数比が一致します（**図22-2(b)**）。コンブ類のヨウ素-129/ヨウ素-127原子数比は2006～2008年の六ヶ所村再処理施設からの放出と2011年の福島第一原発事故によるヨウ素-129のわずかな放出もヨウ素-129/ヨウ素-127原子数比の増加としてはっきりと捉えていたのです（**図22-2(b)**）。

参考文献
1) Hou, X., Chai, C., Qian, Q., Yan, X., Fan, X. (1997): *Sci. Total Environ.*, 204, 215–221.
2) Suzuki, T., Minakawa, M., Amano, H., Togawa, O. (2010): *Nucl. Instrum. Methods Phys. Res., B*, 268, 1229–1231.
3) Snyder, G., Aldahan, A., Possnert, G. (2010): *Geochemistry, Geophys. Geosystems*, 11, Q04010.
4) Aldahan, A., Alfimov, V., Possnert, G. (2007): *Appl. Geochemistry*, 22, 606–618.
5) 日本原燃株式会社 (2022): 安全協定に基づく定期報告書. https://www.jnfl.co.jp/ja/business/report/public_archive/safety-agreement-report/2019.html
6) Ikenoue, T., Kusakabe, M., Yamada, M., Oikawa, S., Misonoo, J. (2020): *Mar. Pollut. Bull.*, 161, Part B, 111775.

川や池や湖に住む淡水の魚介類は放射性物質を体内へ取り込みますか？

Question 23

土田 修二・村上 優雅

川や池や湖に住む淡水の魚介類は，海産の魚介類と同様に放射性物質を餌や水中から体内に取り込みます。

福島第一原発事故直後の 2011 年 4 ～ 6 月期には海産生物の約 21%，また淡水生物の約 37%が，食品における放射性セシウムの基準値 100 Bq/kg を超えていました。その後，時間が経つとともに，両者に基準値を超えるものは減少する傾向が見られています（**図 23-1，23-2**）。

海水魚では 2019 年 1 月に，福島県において 3 年 10 か月ぶりに基準値を超えたものが 1 検体，検出されたのみで，淡水魚

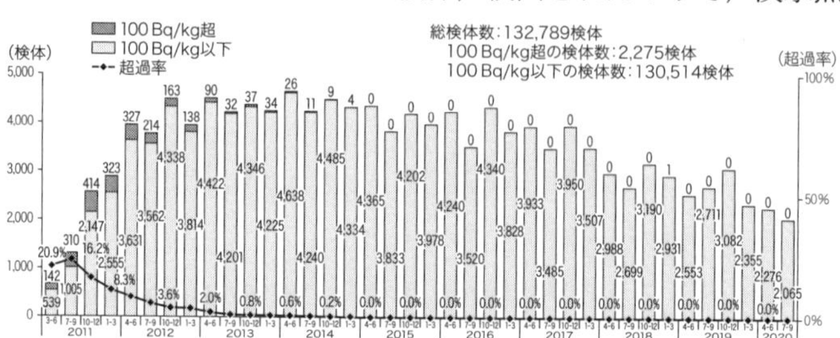

図 23-1　モニタリング調査結果・海水産種（文献 1 より作成）

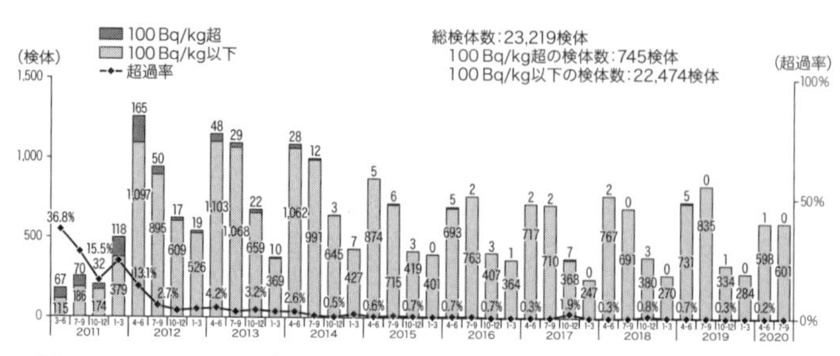

図 23-2　モニタリング調査結果・淡水産種（文献 1 より作成）

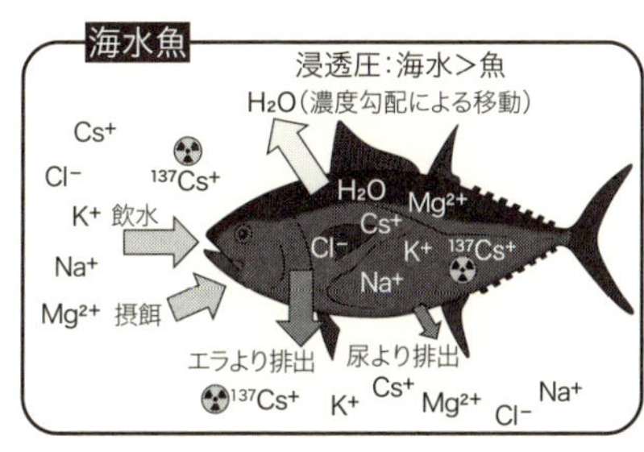

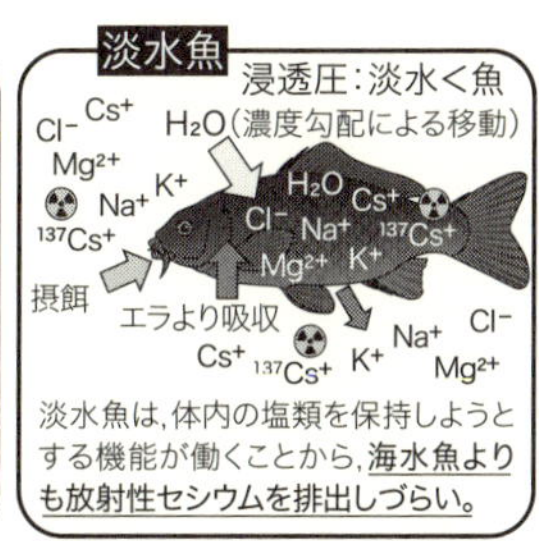

図 23-3　魚の浸透圧調節について（文献 1 より作成）

では 2019 年度に 6 検体，2020 年 4 ～ 6 月に 1 検体が検出されており，海水魚よりは濃度が高いですが，100 Bq/kg 以上の検体数も徐々に少なく，濃度も低くなっているようです。

では，どうして淡水魚は海水魚よりも体内の放射性セシウム濃度が高い傾向があるのでしょうか？

一つ目に，「浸透圧調節」が考えられます（**図 23-3** 参照）。海水魚は，体内より高い塩分の海水（日本周辺の海は約 3 %）に住んでいるので，浸透圧調節によって何もしていなくても塩分がどんどん体内へ入ってきてしまいます。そのため，常になるべく塩分を出そうと体内の機能が働きます。では，淡水魚ではどうなるでしょう？　塩分がほぼない淡水（約 0.01～0.0001 %）の中では，海水中とは逆に，浸透圧調節で勝手に体内の塩分が奪われていきます。そのため，淡水魚は塩分を保とうと体内の機能を働かせます。そして魚は塩分と放射性セシウムを区別することができません。このような働きによって，体に必要な塩分とともに，淡水魚は放射性セシウムを体内に取り込みやすいのです。

二つ目に，淡水域（川や池，湖）が閉鎖的な（比較的水の動きのない）水域であることが考えられます。海のように広く，たくさんの海流があり，水の入れ替わりが激しいと，放射性セシウムもどんどん広がり薄まっていきます。しかし，川や池，湖では，海に比べて水の入れ替わりや水の動きが少なくなります。そのため，餌となる落ち葉や昆虫，プランクトン，泥などに放射性セシウムが溜まりやすいので，淡水魚の放射性セシウムはどうしても海水魚に比べて高くなってしまうのです。

淡水の貝類（シジミなど）やエビ・カニ類（スジエビ・モクズガニなど）はどうでしょうか？ Q21でも説明があったように，「食う－食われるの関係」では，貝類やエビ・カニ類は魚類よりも下に位置しています。さらに貝類は，動きや移動範囲がより小さく，生き物の死骸や残骸，海藻類を食べて生きています。そのため貝類，エビ・カニ類には放射性セシウムが魚食性の魚類ほど取り込まれることはありません。しかし，淡水魚と同様に閉鎖的な水域に住む淡水性のエビ類では，海水に住むエビ類に比べ，一部の種で比較的高い濃度の放射性セシウムが検出されています。

参考文献 1）水産庁ウェブサイト：水産物の放射性物質調査の結果について．
https://www.jfa.maff.go.jp/j/housyanou/kekka.html

放射性物質が溜まりやすい部位はありますか？その部位を取り除けば食べても大丈夫ですか？

Question 24

Answerer 渡邉 幸彦・土田 修二

放射性物質によって溜まりやすい部位が異なります。例えば，放射性セシウムは，カリウムと似た性質を示し，筋肉に蓄積しやすいことが知られています。また，ストロンチウム-90は，骨のような硬組織に蓄積しやすいことが知られています。

一方，食品としての魚は，その種類，大きさ，調理方法等によって，丸のまま食する場合や，主に筋肉部分を食する場合などさまざまです。気になる場合は，除いていただければ良いと思いますが，厚生労働省の調査によれば，通常の食生活においては，食品からの内部被ばくのリスクは極めて小さいことが確かめられています[1)]。

魚類を例にすると，放射性セシウム（セシウム-134，セシウム-137）はアルカリ金属類でカリウムと似た性質を示し，筋肉に蓄積しやすいことが知られています。一方で，魚の体内に取り込まれた放射性セシウムは，周りの海水中の濃度減少に伴い，魚の持つ排出能力によって，徐々に排出されていきますので，蓄積し続けるものではありません。

また，ストロンチウム-90は，アルカリ土類金属類でその化合物はカルシウム化合物に似ているために，骨やヒレ，ウロコなどの硬組織に蓄積しやすいことが知られています。

食品の安全性の確保に関して，厚生労働省は，平成23年3月の福島第一原発事故を受けて，食品中の放射性物質に関する暫定規制値を設定し，暫定規制値を超える食品が市場に流通しないよう出荷制限などの措置をとってきました。暫定規制値を下回っている食品は，健康への影響はないと一般的に評価され，安全性は確保されています。

その後，より一層，食品の安全と安心を確保するため，平成24年4月1日に，食品からの年間線量の上限を，年間5 mSv（ミリシーベルト）から年間1 mSvに引き下げ，これをもとに放射性セシウムの基準値を設定しました。水産物を含む一般食品の基準値は，100 Bq/kgとなっています。この基準値には放射性セシウム以外のストロンチウム-90，プルトニウム，ルテニウム-106からの線量の影響も考慮されています。

厚生労働省では，実際に流通する食品を収集して行う調査（マーケットバスケット調査と言います）や一般家庭で調理された食事を収集して行う調査（陰膳調査と言います）を定期的に実施し，一年間に受ける線量を推計した結果などを取りまとめています。食品中の放射性セシウムから受ける線量は，いずれの調査方法でも，基準値を設定した根拠となった1 mSv/年以下でした。また，食品中に自然に含まれる放射性カリウム（約0.2 mSv/年）と比較しても，極めて小さいことが確かめられました。

通常の食生活においては，食品からの内部被ばくのリスクはほとんどないと言えます。

参考文献 1) 厚生労働省ウェブサイト：東日本大震災関連情報，食品中の放射性物質への対応，さらに詳しい情報　基準値の設定について．https://www.mhlw.go.jp/shinsai_jouhou/shokuhin-detailed.html（2020年8月24日閲覧）

魚介類に取り込まれた放射性物質はずっと体内に留まりますか？きれいな水の生け簀でしばらく飼っておくと放射性物質を排出しますか？

Question 25

Answerer 渡邉 幸彦・稲富 直彦

取り込まれた放射性物質は，徐々に体外へ排出されていきますが，放射性核種によって排出の速度は異なります。

環境水や餌に含まれる放射性セシウムは，カリウム等の天然に含まれる成分と同様に，魚の体内に取り込まれ，その後徐々に体外へ排出されていきます。

生物体内の特定の組織，器官に存在する特定の物質の量が，代謝，排泄などの生物学的過程によって初めの量の 1/2 にまで減少する時間を生物学的半減期と呼びます。体内でカリウムと似た挙動を示す放射性セシウムに関しては，海水魚と淡水魚とで，その生物学的半減期に違いがあります。

海水魚の場合，体内に取り込んだ海水中の成分を速やかに排出しようとする機能が働くため，放射性セシウムは他の成分とともに排出されます。

一方，淡水魚の場合は，体内に取り込んだ成分を保持しようとする機能が働くため，海水魚に比べて放射性セシウムの排出にかかる時間が長くなります（Q23 参照）。

海洋生物環境研究所で実施した飼育実験においては，海水魚のマダイの場合，成長希釈を含まない放射性セシウムの生物学的半減期として，筋肉部分で 98 日，魚全体で 77 日が得られています[1)]。成長希釈とは，排泄期間中に魚が成長することで，試験魚中の放射性セシウムの濃度が見かけ上，低下することを指します。成長希釈を含んだ値は，見かけの生物学的半減期として区別されます。また，淡水魚のニジマスの場合，成長希釈を含まない放射性セシウムの生物学的半減期として，筋肉部分で 289 日，魚全体で 151 日が得られています[2)]。

また，イカ，タコ，貝などの軟体動物においては，魚類に比べて放射性セシウムを体外に排出する速度が速いことが実験で確かめられています[3)]。

放射性ストロンチウムは，カルシウムと似た化学的性質があり，骨やウロコなどの硬組織に蓄積されます。硬組織に入った放射性ストロンチウムは，徐々に体外に排出されますが，その排出は緩慢で，魚全身の放射性ストロンチウムの生物学的半減期は，放射性セシウムの生物学的半減期に比較すると長くなっています。

シラスに対して海水からの放射性セシウム（Cs-137），ストロンチウム（Sr-85）の取り込み・排出を調べた実験（取り込み期間と排出期間は，それぞれ300時間）によると，排出期間の濃度推移から，いずれの核種も初期に早く排出される成分と，それに続いて緩慢に排出される成分が確認されています。両成分の生物学的半減期を計算すると，Cs-137では4.2日および25.2日，Sr-85では1.9日および83.2日という結果が得られています[4)]。

参考文献
1）渡邉幸彦，宮井勝平，稲富直彦（2017）：平成29年度日本水産学会春季大会要旨集，89.
2）渡邉幸彦，木塚智洋，稲富直彦（2017）：平成29年度日本水産学会春季大会要旨集，90.
3）仲原元和（1993）：放医研環境セミナーシリーズ No.20，13-22.
4）放射線医学総合研究所ウェブサイト：知のアーカイブ，線量016 実験研究　環境移行，海産魚への放射性核種の蓄積. https://www.nirs.qst.go.jp/db/chi/list.html（2020年12月18日閲覧）

放射性物質によって魚介類の行動は変化しますか？

Question 26

山田　裕・堀田 公明

放射性物質（正確には放射性物質から出た放射線）は，生き物の遺伝子や細胞，皮膚や臓器といった組織に影響を与えます。その結果，がんの発生や，臓器の不全などの障害として現れるとされています。一方，生き物が放射線を感知して，その場所を避けるなど，直接的な行動の変化は，ほとんどないと考えられます。

放射性物質から出た放射線によって，動物や植物がどのような影響を受けるのかについて，長年にわたりさまざまな研究が行われてきました。例えば，どの程度の放射線を浴びると死んでしまうのか，生きていくために必要な体内の機能が損なわれるのかなど，動植物の種類ごとに非常に多くの情報が得られてきました。特に放射線が人間に与える影響については，直接実験を行うことが困難なため，多くは動植物を用いた研究成果に基づいています。

一般に，放射性物質から出た放射線を浴びること（被ばく）により，生き物の遺伝子や細胞，皮膚や臓器といった組織に影響を与えます。遺伝子や細胞，組織には，それぞれ放射線により傷ついた部分を治す機能を備えていますが，修復が追いつかないと障害として現れます。遺伝子が損傷を受けた場合，体内で必要なたんぱく質が作られない，がんの発生率が高まるなどの影響があるほか，遺伝情報を伝えるための細胞（生殖細胞）に影響があった場合，子供や孫の世代に影響が出る可能性もあります。また，免疫に関係するリンパ組織や，血液を作り出す造血組織，卵を作る卵巣や精子を作る精巣といった生殖腺のように活発に細胞分裂を繰り返している組織や細胞では，放射線

表 26-1　組織による放射線の感受性の比較（文献 1 より作成）

放射線感受性	組　織
高い	免疫に関係するリンパ組織，血液を作り出す造血組織，卵を作る卵巣や精子を作る精巣といった生殖腺，体内で発育中の胎児，など
やや高い	口の中の粘膜，食道や皮膚の表面，汗や唾液を出す器官（腺），など
中程度	脳，脊髄，肺，肝臓，胆嚢，腎臓，など
やや低い	甲状腺，膵臓，関節，など
低い	筋肉，神経組織，骨などの結合組織，など

に対する感受性が高く（影響を受けやすく），筋肉や神経組織，骨などの結合組織のようにほぼ細胞分裂しない部分では，放射線に対する感受性は極めて低い（影響を受けにくい）とされています（**表 26–1** 参照）。

一方，生き物の行動とは，体外から受ける光や音，温度，体内で分泌されるホルモンなど，体内外からの刺激に対して起こる反応です。刺激の種類によってさまざまですが，一般に刺激が弱いと反応は現れませんが，ある強さを超えると行動として見られるようになります。例えば，マダイを用いた実験では，水槽内に音を流した場合，音のレベルが弱い場合は反応しませんが，強い場合には驚いた反応を見せ，その後しばらく餌を食べないといった行動が観察されています。また，行動を引き起こす刺激は，複数の場合もあります。魚の産卵は，昼間の時間の長さと水温の二つの刺激によって引き起こされます。

最初に述べたように，放射線による生き物への影響は，遺伝子や細胞，組織に作用することから，直接，放射線を感知して，生き物の行動を変化させることは，ほとんどないと考えられます。1986 年 4 月に発生したチョルノービリ原子力発電所（当時ウクライナ・ソビエト社会主義共和国，現ウクライナ）の事故ではどうだったか，振り返ってみます。事故の発生後，さまざまな調査・研究が行われました。事故後 4 か月～ 1 年に行われた同原子力発電所の周辺に留まっていた野生動物や家畜を対象とした調査では，生きていくために必要な体内の障害は確認されているものの，希少種を含めた50種の鳥類については外見，行動ともに正常であったと報告されています。また45種の哺乳類では，外見に異常が見られたものの，行動に異常をきたしているものは観察されなかったと報告されています。

魚介類の行動と放射線の関係については，まだまだ不明な点も多く，今後の研究が期待されます。

参考文献

1) 武田 健，太田 茂　編（2008）：ベーシック薬学教科書シリーズ12 環境，8章　放射線の性質と生体への影響，化学同人.
2) 東北関東復興の支援情報（こども健康倶楽部）> 放射線障害情報 www.kodomo-kenkou.com/shinsai/default/file_download/407（2021年閲覧，現在はアクセス不能）
3) 島 隆夫（2018）：海生研ニュース, 139, 3-4. https://www.kaiseiken.or.jp/publish/news/lib/news139.pdf
4) IAEA著，日本学術会議総合工学委員会原子力事故対応分科会原発事故による環境汚染調査に関する検討小委員会訳（2013）：チェルノブイリ原発事故による環境への影響とその修復　20年の経験. https://www.scj.go.jp/ja/member/iinkai/kiroku/3-250325-4.pdf

福島第一原発の処理水タンク（資源エネルギー庁）

Section 5 福島第一原発事故の海への影響

福島第一原発事故では海へどのくらいの放射性物質がどの範囲まで放出されたの？

Question 27

Answerer 日下部正志・神林 翔太

福島第一原発事故によって，多くの放射性物質が海へ放出されました。例えば，放射性セシウム（セシウム-137とセシウム-134）の放出量は15～21ペタベクレル（PBq，P：ペタは10の15乗）になると計算されています。海に放出された放射性セシウムは外洋や深海の海水と混ざって希釈されながら広がっていくと同時に，海底にも移行しています。しかし，海水・海底土ともに，その濃度は海洋生態系や健康に影響を及ぼすレベルをはるかに下回っています。

福島第一原発事故によって炉内にあったさまざまな放射性物質が大気および海洋へ放出されました。放出された主な放射性物質を**表27-1**に示します。さまざまな放射性物質がある中で，とりわけヨウ素-131が海洋へ大量に放出されていますが，ヨウ素-131は半減期が約8日と短いことから海への影響は短期間だったと考えられます。そのため，放出量が多く，半減期も比較的長い放射性セシウムに着目します。

セシウム-137は，大気中に放出されたもののうち12～15ペタベクレルが海上へ降下したと推定されています。原子炉から海へ直接漏えいしたものも合わせると，15～21ペタベクレ

表27-1　福島第一原発事故によって放出された放射性物質の値[1)～5)]

	半減期	放出量（PBq：ペタベクレル）	
		大気への放出	海洋への流出
ヨウ素-131	8.02日	151	11
セシウム-134	2.06年	15～21	3～6
セシウム-137	30.17年	15～21	3～6
ストロンチウム-90	28.8年	0.01～0.14	0.09～0.9

ルものセシウム-137が海へ放出されたと見積もられています。また，セシウム-134の放出された量はセシウム-137とほぼ同じであると考えられているため，海へ放出されたセシウム-137とセシウム-134を合わせると30～42ペタベクレルとなります。

国の委託を受けて，海洋生物環境研究所では2011年3月23日から福島第一原発事故影響のモニタリングを開始しました。現在は，外洋と沖合海域（30 km圏外）に加えて10 km圏内の近傍・沿岸海域でのモニタリングを行っています（**口絵6**）。**口絵8**に海水のモニタリング結果を示します。福島第一原発からの距離が概ね30 km圏外の測点で採取した表層海水中のセシウム-137濃度は，事故直後に約200 Bq/Lまで上昇しましたが，その後は急激に減少しており，多くの測点で事故前5年間に得られた濃度の範囲（0.0011～0.0024 Bq/L）まで低下しています。海に放出された放射性物質の多くは海底土に移行します。**口絵7**に海底土のモニタリング結果を示します。表層に堆積した海底土に含まれるセシウム-137濃度は，100 Bq/kg-乾燥土を超える測点もありましたが，その濃度は全体的に低下しています。しかし，多くの測点で事故前の濃度（ND（検出下限値未満）～7.7 Bq/kg-乾燥土）には戻ってません。

海水や海底土に含まれるセシウム-137濃度はどちらも減少傾向にあり，海洋生態系や我々の健康を脅かすレベルをはるかに下回っていますが，事故前の濃度に戻っていない測点もあります。そのため，今後もモニタリングを継続し，その濃度の推移を把握していく必要があります（Q33でも解説しています）。

参考文献

1) Katata, G., Chino, M., Kobayashi, T., Terada, H., Ota, M., Nagai, H., Kajino, M., Draxler, R., Hort, M. C., Malo, A., Torii, T., Sanada, Y.（2015）: *Atmos. Chem. Phys.*, 15, 1029–1070.
2) Tsumune, D., Tsubono, T., Aoyama, M., Uematsu, M., Misumi, K., Maeda, Y., Yoshida, Y., Hayami, H.（2013）: *Biogeosciences*, 10, 5601–5617.
3) Aoyama, M., Kajino, M., Tanaka, Y. T., Sekiyama, T. T., Tsumune, D., Tsubono, T., Hamajima, Y., Inomata, Y., Gamo, T.（2016）: *J. Oceanogr.*, 72, 67–76.
4) Povinec, P.P., Hirose, K., Aoyama, M.（2012）: *Environ. Sci. Technol.*, 46, 10356–10363.
5) Casacuberta, N., Masqué, P., Garcia-Orellana, J., Garcia-Tenorio, R., Buesseler, K.O.（2013）: *Biogeosciences*, 10, 2039–2067.
6) 原子力規制委員会原子力規制庁（2020）: 平成 31 年度原子力施設等防災対策委託費（海洋環境における放射能調査及び総合評価）事業 調査報告書.

福島第一原発事故で広がった放射性物質は東京湾にも来ているの？空から？　海から？

Question 28

Answerer　池上　隆仁・小林　創

福島第一原発事故で広がった放射性物質が事故直後に主に空から東京湾へ降下し，東京湾の周辺の陸地にも沈着（粒子や降水などとして降下）しました。空からの降下が収まったあとも周辺に沈着した放射性物質は降雨によって少しずつ流し出され，現在も河川を経由して東京湾に流入しています。一方，湾外から湾内への海水を介した流入はほとんどないと考えられます。

福島第一原発事故により大気中および海洋に約 520 ペタベクレル（PBq）の放射性核種が放出されましたが[1]，その中には 18～27 PBq の放射性セシウム（セシウム-134 とセシウム-137）が含まれていました[2), 3), 4)]。これまでの研究では，原子炉から放出された放射性セシウムの 80％は海に降下および流入し，残りの 20％は陸地に向かって飛散し，地上に沈着したと推定されています[4), 5)]。現在，福島第一原発事故に由来する環境中の放射能は，ほぼすべてが放射性セシウムの寄与と考えられるので，放射性セシウムを例に説明します。

大気からの放射性セシウムの地上への沈着とその分布には，福島第一原発から飛散した放射性物質が，微細で，雲のような塊（以下，放射性プルーム）となって大気中を煙のように流れて行ったことが関係しています。主要な放射性プルームは，9 つが知られています。最初のプルーム 1 は 2011 年 3 月 12 日に発生し，最後のプルーム 9 は 2011 年 3 月 21 日まで存在しました[6), 7)]。このうち東京湾を含む関東地方へ飛散したのはプルーム 2，7，9 でした（**口絵 9 a ,b**）。2011 年 6 月の関東地方および東京湾周辺のセシウム-137 の初期沈着量（**口絵 9 c, d**）[8)] はこれら 3 つのプルームの動きによってその分布が決まりました。プルームとして大気中を移動した放射性セシウムは，雨や霧等の降水現象による沈着（湿性沈着），または重力や風による沈着（乾性沈着）によって東京湾および東京湾の周辺に降下しました。東京湾周辺に沈着した放射性セシウムは，プルームによる大気からの降下が収まってからも現在に至るまで，降雨等で流され，河川を経由して東京湾に流入しています。

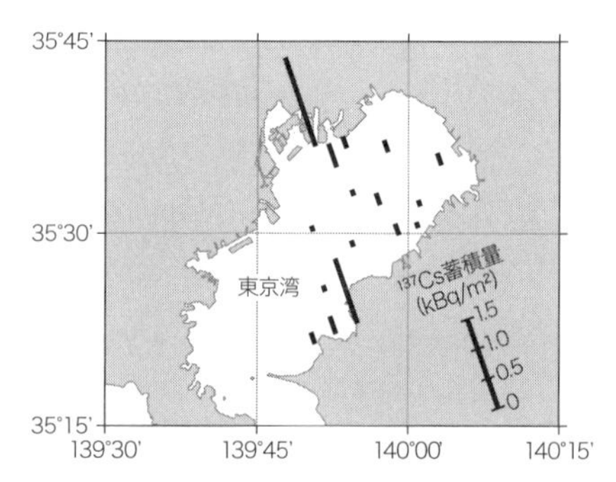

図 28-1　2019年8月に東京湾で採取した表層海底土試料に含まれるセシウム−137の蓄積量（kBq/m²）の水平分布（文献9より著者作成）

それでは現在の東京湾内の状況を少し見てみましょう。海洋生物環境研究所では原子力規制庁から東京湾環境放射能調査事業を受託し，東京湾内の海水と海底土に含まれるセシウム−137 濃度の変動についてモニタリング調査を行っています[9)]。海底土に含まれるセシウム-137 濃度のモニタリング結果をもとに 2019 年 8 月の東京湾内に堆積した海底土 1 m^2 当たりに存在するセシウム-137 の量（以下，蓄積量）を試算してみました。セシウム-137の蓄積量（kBq/m^2）の分布（**図 28-1**）を見ますと，河口に近い観測点で相対的に蓄積量が高く，河口から離れた観測点では低くなっています。そのため，河川を経由して東京湾に流入する放射性セシウムのほとんどは河口周辺の限られた海域に堆積し，湾内の広域には広がっていないと見られます。また，河口に近い観測点の間でも，その流入河川によって蓄積量に大きな差が見られました。河口周辺の間でもこのような差が生じるのは，東京湾に注ぐ河川が**口絵 9 d** のようなセシウム-137 の初期沈着量の高い地域を通過しているかどうかが要因の一つになっているようです。**口絵 9 d** と**図 28-1** を比較しますと，初期沈着量の高い地域を通過する河川が注ぐ観測点では周囲よりも高い蓄積量が見られます。

参考文献

1) Steinhauser, G., Brandl, A., Johnson, T.E. (2014): *Sci. Total Environ.*, 470–471, 800–817.
2) Buesseler, K., Dai, M., Aoyama, M., Benitez-Nelson, C., Charmasson, S., Higley, K., Maderich, V., Masqué, P., Morris, P.J., Oughton, D., Smith, J.N. (2017): *Ann. Rev. Mar. Sci.*, 9, 173–203.
3) Chino, M., Nakayama, H., Nagai, H., Terada, H., Katata, G., Yamazawa, H. (2011): *J. Nucl. Sci. Technol.*, 48, 1129–1134.
4) Koo, Y.-H., Yang, Y.-S., Song, K.-W. (2014): *Prog. Nucl. Energy*, 74, 61–70.
5) Morino, Y., Ohara, T., Nishizawa, M. (2011): *Geophys. Res. Lett.*, 38, 7.
6) Nakajima, T., Misawa, S., Morino, Y., Tsuruta, H., Goto, D., Uchida, J., Takemura, T., Ohara, T., Oura, Y., Ebihara, M., Satoh, M. (2017): *Prog. Earth Planet. Sci.*, 4, 2.
7) Tsuruta, H., Oura, Y., Ebihara, M., Ohara, T., Nakajima, T. (2014): *Sci. Rep.*, 4, 6717.
8) Kato, H., Onda, Y., Gao, X., Sanada, Y., Saito, K. (2019): CRiED, University of Tsukuba.
9) 公益財団法人海洋生物環境研究所（2020）: 平成 31 年度放射性物質測定調査委託費（東京湾環境放射能調査）事業 調査報告書. https://www.nra.go.jp/data/000319406.pdf（2022 年 4 月にダウンロード）

スリーマイル島やチョルノービリでの事故でどのような影響がありましたか？

Question 29

Answerer 日下部正志・山田 正俊

スリーマイル島原発事故による海へ放射性物質の流入はほとんどありませんでしたが，チョルノービリ原発事故の際は多くの海域で事故起源の放射性物質が見つかってます。

1979 年 3 月 28 日米国ペンシルバニア州スリーマイル島原子力発電所で起きた事故において大量の放射性物質が環境へ流出しました。この事故の特徴は，原子炉内の核燃料はほとんど原子炉圧力容器内に留まったものの，気体の放射性核種が多量に外部に漏洩したことです。主な核種としては ^{131}I（ヨウ素-131，半減期：8.02 日），希ガスと言われる ^{85}Kr（クリプトン-85, 半減期：10.8 年）や ^{133}Xe（キセノン-133，半減期：5.2 日）があります。排出された ^{131}I と希ガスの総量は各々 5.55×10^{-4} PBq と 92.5 PBq と見積もられています[1)]。しかし，排出した放射性物質が主に気体であり，同時に他に長寿命の核種がなかったために海洋環境への影響はほとんどないと考えられます。

チョルノービリ原子力発電所で起きた事故は今まで起きた事故の中では最大のものです。原子力事故評価の世界共通の指標である国際原子力事象評価尺度では，最も深刻な事故を示すレベル 7 に分類されました。なお，スリーマイル島原発事故は広範囲な影響を伴う事故であるレベル 5 に分類されました。1986 年 4 月 25 日旧ソ連（現在のウクライナ）のチョルノービリ発電所において（**図 29-1** 参照），いくつかの人的な操作ミスと装置の構造上の欠陥等が重なり原子炉が爆発，炎上して大量の放射性物質が大気中に放出されました。**表 29-1** に放出された主な核種を示します。福島第一原発事故により放出され

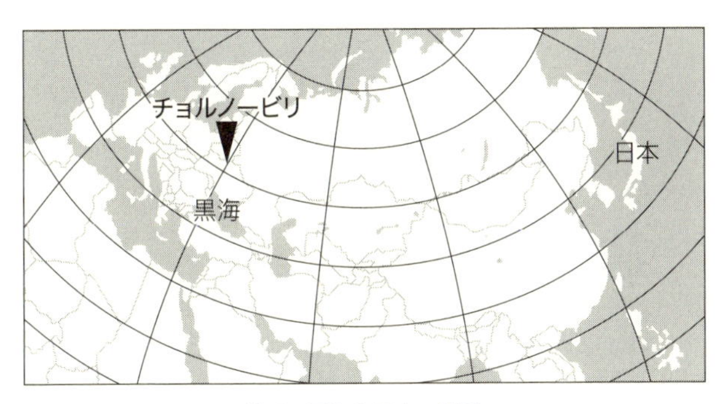

図 29-1 チョルノービリ，黒海と日本の位置

た放射性核種は Q27 の**表 27-1** をご覧ください。両者を比べるとチョルノービリ原発事故の大きさがわかります。

表 29-1 チョルノービリ原発事故で放出された主な放射性核種[2),3)]

核種	半減期	放出量（PBq）
ストロンチウム-89	50.5 日	115
ストロンチウム-90	28.8 年	～10
ヨウ素-131	8.02 日	～1,760
セシウム-134	2.06 年	～47
セシウム-137	30.17 年	～85
プルトニウム-239	24,110 年	0.013
プルトニウム-240	6,564 年	0.018
プルトニウム-241	14.35 年	～2.6

この事故で最も大きな影響を受けた海洋環境は，黒海です。^{137}Cs（セシウム-137, 半減期：30.2 年）に関しては，大気経由で 1.7-2.4 PBq が 1986 年に黒海へもたらされました。同時に 1986 年から 2000 年までの間に 0.023 ± 0.005 PBq の ^{137}Cs がドニエプル川とドナウ川により黒海へ運び込まれています[2)]。表面海水中の濃度が事故直後には平常時の数十倍に増加しましたが，2000 年代には海水の移動によってほぼ事故前のレベルに戻っています[3)]。

チョルノービリ原発事故の大きな特徴は爆発炎上により，その影響が地球規模に及んでいることです。海洋生物環境研究所では 1984 年から日本全国の原子力発電所沖の海域で海水中の ^{137}Cs 濃度のモニタリングをしています。**図 29-2** にその結果の一部を示します。Q7 に示すように事故と関係なく海洋には

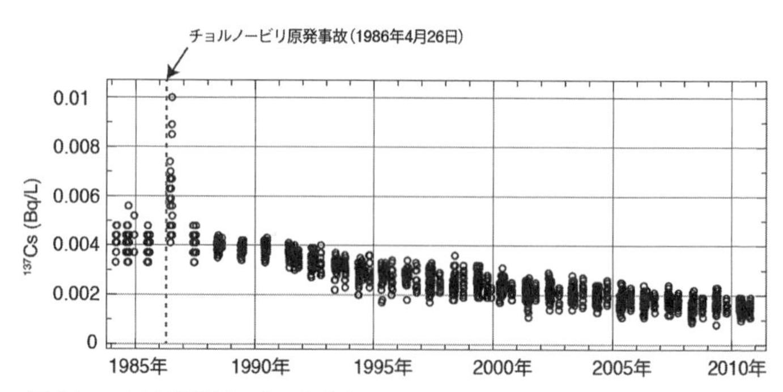

図 29-2　日本沿岸域の表面海水中のセシウム－137 濃度の時間変化（1984 年−2010 年）（文献 4 より作成）

大気圏内核実験に由来する ^{137}Cs が存在しますが，1986 年 5 ～ 6 月の調査結果では，事故後わずか 2 か月ほどで海水中の濃度がところによっては 2 倍以上に上昇しています。これは大気中を運ばれてきたチョルノービリ事故起源の ^{137}Cs の影響です（ちなみに，チョルノービリから東京までの距離は約 8,200 km です）。しかし，この影響は海の深いところには現れず，海底土にもその影響は見られません。しかも，翌年度には表面海水中の濃度も元に戻っています。海産生物全体としては，大きな影響は見られませんでした。ただ，スズキとマダラに関しては，わずかな濃度の上昇が見られましたが，食用には何ら問題となる濃度ではありませんでした[5)]。

したがって，チョルノービリでの事故は原発近隣の住民や生態系に多大な影響を与え，海洋への影響は広範囲ではありましたが，陸上のそれと比べると黒海以外では軽微なものであり，ましてや日本近海においては，検出はされたものの量的には我々の安全を脅かすものではありませんでした。

参考文献
1) UNSCEAR (2008): Sources and effects of ionization radiation, The UNCSCEAR 2008 Report to the Genaral Assembly with Scientific Annexes. Volume II. Scientific Annexes C, D, E.
2) Egorov, V., Gulin, S., Polikarpov, G., Osvath, I. (2008): RADIONUCLIDES in the Environment. 2010. Ed. D.A. Atwood, John Wiley & Sons Ltd.
3) Stokozov, N.A., Egorov, V. (2003): RADIONUCLIDES in the Environment. 2010. Ed. D.A. Atwood, John Wiley & Sons Ltd.
4) Takata, H., Kusakabe, M., Inatomi, N., Ikenoue, T. (2008): *Environ. Sci. Technol.*, 52, 2629–2637.
5) 御園生淳 (2007): 海生研ニュース, 95, 3–7.

国は福島第一原発で発生した汚染水にどのように対応していますか？

Question 30

Answerer 及川 真司・城谷 勇陛
山田 正俊

外に出るのを一滴でも少なくするように，多くの方々が日々対応に当たっています。

そもそもここで言う「汚染水」とは，原子炉の運転で生じた放射性核種や原子炉建屋内に残っていた水などではありません。事故を起こしてしまった原子炉に対してこれ以上破損や爆発などを発生させないために，常時冷却する必要がある箇所に対して大量の汚染されていない水を利用したことによって発生した，いわゆる使用済冷却水が大部分を占めています。

福島第一原子力発電所1～3号機の原子炉内には事故で核燃料が溶けて固まったデブリ（壊れたり散らばったりしてできた破片をデブリ（debris）と呼びます）が残っています。

これらはもともと核燃料（約96％のウラン-238と4％程度のウラン-235から成る二酸化ウランをセラミック状に焼き固めて小指ほどの小さな円柱形としたものの集合）の塊なので，崩壊熱による発熱や再度臨界に達する恐れがあるなどの理由から放水や冷却水層に入れるなどの方法で冷却しておかないと大変危険です。

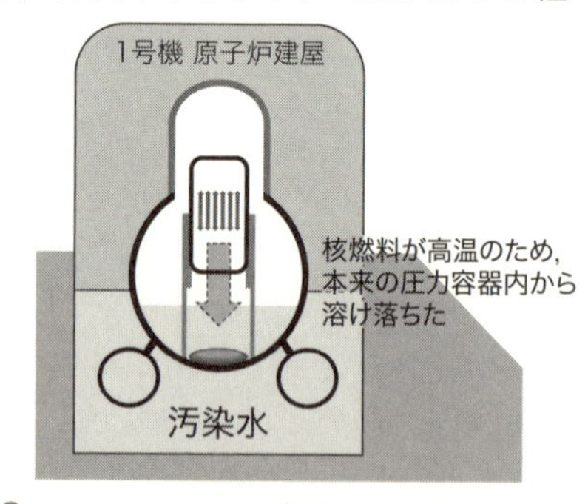

図30-1 福島第一原子力発電所1号機原子炉格納容器内のデブリ（文献1より著者作成）

これらを安定かつ危

険のない状態に保つため，水をかけて冷やし続けている状況ですが，その水がデブリに触れることで高濃度の放射性物質を含んだ汚染水が発生します。この汚染水は原子炉建屋内に溜まっており，そこに雨水や地下水が流れ込むことで新たに汚染水が発生して外部へ流出する原因の一つとなります。

福島第一原子力発電所ではこれらの汚染水に対して「取り除く」，「近づけない」，そして「漏らさない」という３つの基本方針をもとに対応や対策を講じています。

取り除く

日々発生し続ける汚染水に対して，セシウム吸着装置や多核種除去設備（ALPS（Advanced Liquid Processing System）：通称「アルプス」）などを駆使して浄化しています。これによりトリチウム以外の大部分の放射性核種を取り除くことができます。浄化された水の一部はデブリを冷却するのに再利用され，大部分は大きな貯蔵タンクに安全に保管されています。これら処理水の処分についてはQ34で解説しています。

近づけない

地下水や雨水が流れ込み汚染水が発生することを防ぐため，次のような対策を行っています。

・雨水が地面から染み込むことを防ぐため，福島第一原子力発電所内の敷地はすべてコンクリートやアスファルトで舗装されています。

・地下水が流れ込むことを防ぐため，凍土壁と呼ばれる壁を

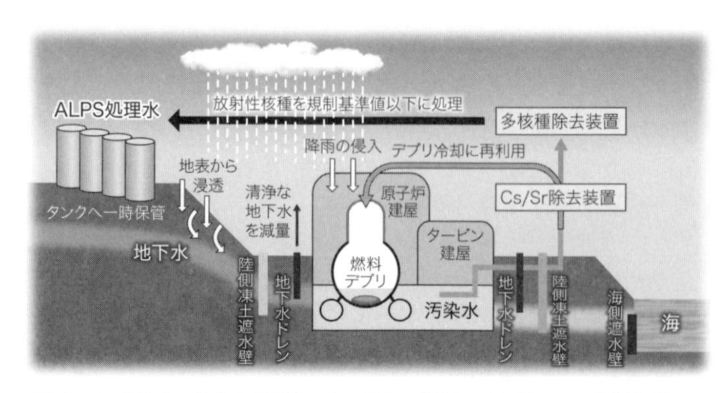

図 30-2　汚染水の発生と処理水による浄化の仕組み（文献 4 より著者作成）

原子炉建屋の周りを囲むように地下に設置しています。
・地下水の量を減らすため，井戸を掘り地下水を汲み上げています。

漏らさない

いろいろな対策を重ねて講じても，汚染水の発生を完全に防ぐことはできません。この汚染水が環境中に流出することを防ぐために次のような対策がとられています。

・原子炉建屋と海の間に地中深く鋼鉄製の壁（海側遮水壁）を設置することで地下水とともに汚染水が流出することを防ぎます。
・海側遮水壁の前に井戸を掘り，汚染水を含んだ地下水を汲み上げます。

このような対策により雨水・地下水による汚染水の発生量が一日当たり約 490 m^3（2015 年 12 月～ 2016 年 2 月平均）から約 110 m^3（2017 年 12 月～ 2018 年 2 月平均）に減少しています。

なお，汚染水を減らすことや発電所敷地外へ漏らさないようにいろいろな対策が講じられていますが，汚染水との戦いは真夏の炎天下や厳冬の吹雪の中を問わず，多くの作業員の方々によって支えられていると言っても過言ではありません。

参考文献
1）東京電力ホールディングスウェブサイト：廃炉作業の状況.
https://www.tepco.co.jp/decommission/progress/watermanagement/（2020 年 12 月 17 日最終閲覧）
2）経済産業省ウェブサイト: 汚染水処理対策委員会，資料 1 福島第一原子力発電所における汚染水問題への対策.
https://www.meti.go.jp/earthquake/nuclear/20130808_02.html（2020 年 12 月 18 日最終閲覧）
3）経済産業省ウェブサイト: 廃炉・汚染水・処理水対策ポータルサイト.
https://www.meti.go.jp/earthquake/nuclear/hairo_osensui/index.html（2020 年 12 月 18 日最終閲覧）
4）経済産業省 資源エネルギー庁ウェブサイト: 汚染水との戦い，発生量は着実に減少，約 3 分の 1 に.
https://www.enecho.meti.go.jp/about/special/johoteikyo/osensui2019.html（2023 年 9 月 24 日最終閲覧）

水や海底の放射性物質も“除染”できますか？

Question 31

神林 翔太・池上 隆仁

フェロシアン化物といった物質やゼオライトのような鉱物の特性を利用した除染方法が検討されており，実際に使用されているものもあります。

しかし，海洋環境中の濃度は外部被ばく・内部被ばくの影響の観点から見ても十分に低く，除染を行う必要はないと考えられます。

除染とは，汚染物質を人々の生活環境をはじめ，その影響が及ぶ対象から遠ざけ，管理することを言います。福島第一原発事故に由来する放射性物質の主な除染の対象は，汚染地域で長時間を過ごす人々の外部被ばくを減らすための市街地と，農産物の汚染を軽減，防止するための農地です。陸上に沈着した放射性物質は，雨水とともに河川などを経て海に流れることから，高濃度の水，川底や海底なども除染の検討対象になります。

水中の放射性セシウムの除去効果が高い物質としてフェロシアン化物があります。フェロシアン化物は，イオン交換や吸着などといったメカニズムでその構造内にセシウムを取り込みます（**図 31–1**）。

フェロシアン化物のうち，フェロシアン化第二鉄は顔料の一つであるプルシアンブルー（紺青：こんじょう）の原材料です。フェロシアン化第二鉄とプールの水を使用した実験では，その除染効果が確認されています。しかし，フェロシアン化第二鉄は人体に対して有毒なシアン化物の一種であるため，除染後の水に含まれるシアン化物濃度が定められている基準を上回った場合は除染した水の再利用ができません。そこで，除染後の水に含まれるシアン化物濃度を確認すると，環境省が定めた一律

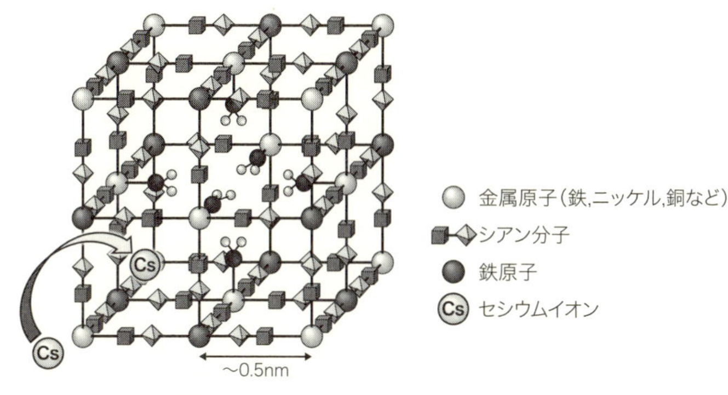

図 31-1　フェロシアン化物の結晶構造とセシウムの取り込みの概略図

排水基準を下回りましたが，回数を重ねるごとにシアン化物濃度が高くなることがわかりました[1)]。一方で，シアン化物の溶出の低減化の検討を行った上で，不織布などにプルシアンブルーを固定させた除染布も開発されています。

セシウムの除去剤として有力視されている粘土鉱物の一つであるゼオライトを使用することも提案されています（**図 31-2**）。これは，ゼオライトに汚染水を流し，ゼオライトの持つイオン交換作用を利用してセシウムを吸着させるもので，福島第一原発事故の現場ではセシウム吸着装置として使用されています。

海底土の除染についても検討されています。例えば，水中の放射性セシウムと同様にフェロシアン化第二鉄による除去効果が確認されています。しかし，処理水のシアン化物濃度を調べたところ，排水基準を上回ることから処理水の再利用ができないといった問題が確認されています[1)]。別の方法として，マイクロバブルと微生物活性を用いた除染や有機物分解を利用した除染についても検討されています。

では，海水や海底土の放射性物質を除染する必要があるのでしょうか。2019 年に行われた福島第一原発周辺の海域モニタ

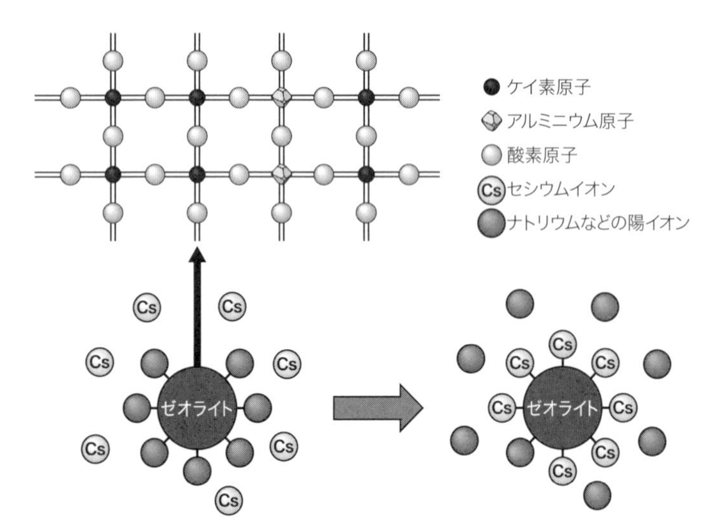

図 31-2　ゼオライトの基本構造とイオン交換の概略図

リングの結果[2]を用いて，被ばく線量の試算を行いました。その結果，海水や海底土の放射性セシウム濃度や空間線量率について，安全側に十分な余裕を持たせるために厳しい条件を設定した場合においても，1ミリシーベルトを大きく下回ることがわかりました。そのため，外部被ばくの影響の観点から見て除染の必要はないと考えられます。また，海水中の放射性セシウムの濃度レベルは飲料水や海水の基準値（1リットル当たり10ベクレル）を大きく下回っているため，内部被ばくの影響から見ても除染を行う必要はないと考えられます。

参考文献
1) Aritomi, M., Adachi, T., Hosobuchi, S., Watanabe, N. (2012): *J. Power Energy Syst.*, 6, 412–422.
2) 公益財団法人海洋生物環境研究所（2020）：平成31年度原子力施設等防災対策等委託費（海洋環境における放射能調査及び総合評価）事業 調査報告書.

福島の海で海水浴はできますか？スクーバダイビングはできますか？

Question 32

村上 優雅・島袋 舞
道津 光生

福島の海でも安心して海水浴を楽しむことができます。一方，スクーバダイビングについては，ダイビングショップがないこと[1)]，福島の海が外海（湾や入り江になっていない海）の砂浜が多く，波が高い，濁っているといった特徴があり，危険なのでダイビングには不向きな海のようです。福島の海へ遊びに行くことがあれば，スクーバダイビングよりも海水浴をお勧めします。

海水浴は気持ちがいいし遊び方がたくさんあって楽しいですよね。日本は島国で海に囲まれているので，私たちにとって海水浴やダイビングはとても身近なものです。なので，海水浴場の放射性物質が今どうなっているのか知っておくことはとても大切なことだと思います。では，福島第一原発事故によって放出された福島県内の放射性物質は今，どのようになっているのでしょうか？

現在，福島第一原子力発電所の事故から 13 年が経ちましたが，2018 年と 2020 年の計 2 回，福島県が海水浴場（全 14 測点）の空間線量率*と海水浴場の放射性セシウム濃度を調査しています。

まず，海水浴場の調査結果から見ていきましょう。

表 32-1　福島県内の海水浴場の空間線量率と海水中の放射性セシウム濃度（文献 2 より作成）

	海岸の空間線量率（μSv/h）	海水の放射性セシウム濃度（Bq/L）	
		セシウム-134	セシウム-137
2018 年調査	0.02～0.06	不検出	不検出
2020 年調査	0.03～0.06	不検出	不検出
事故前	0.02～0.13	不検出	不検出

表 32-1 を見てわかるように，事故前と同じレベルまで下がっています。ちなみに，歯医者でレントゲン写真を撮ると，1 回で約 10 マイクロシーベルトの被ばくがあると言われていますが，体は何ともないですよね。この数値と比べても，福島の海水浴場の空間線量率がいかに安全かということがわかります。

一方，海水浴場の海水中の放射性セシウム濃度は不検出（この場合， 1 Bq/L 未満）となっています。日本が定めている安全な水質の基準は「10 Bq/L 以下」に設定されています。不検出の 1 Bq/L 未満であれば，この基準をはるかに下回っていることがわかります。なので，福島県の海水浴場では安心して海水浴を楽しむことができます。

ちなみに，福島県の内陸側に位置する猪苗代湖の湖水浴場でも，空間線量率と湖水中の放射性セシウム濃度の調査がされています。その結果がこちらになります。

表 32-2 から，猪苗代湖の湖水浴場の空間線量率も海水浴場と同レベルであり，こちらも安全であることがわかります。湖水中の放射性セシウム濃度も 1 Bq/L 未満の不検出であると結果が出ているので，海水浴場と同じく安心・安全で，湖水浴を

表 32-2　湖水浴場（猪苗代湖）の空間線量率と海水中の放射性セシウム濃度（文献 2 より作成）

	海岸の空間線量率（μSv/h）	海水の放射性セシウム濃度（Bq/L）	
		セシウム-134	セシウム-137
2018 年調査	0.03 ～ 0.07	不検出	不検出
2020 年調査	0.02 ～ 0.07	不検出	不検出
事故前	0.02 ～ 0.13	不検出	不検出

楽しむことができます。

＊空間線量率（Sv/h）：基本的に，地上から1メートルで測定した1時間当たりの放射線量のこと。

参考文献
1) Marine Diving Web:
https://marinediving.com/?gclid=EAIaIQobChMIr56m5LPU7AIVWcEWBR04qAAlEAAYASAAEgK4_vD_BwE（2021年ダウンロード）
2) ふくしま復興情報ポータルサイト: 水浴場の環境放射線モニタリング調査結果.
https://www.pref.fukushima.lg.jp/site/portal/ps-rsuiyokujou.html

海が事故前の状態に戻るまで，どのくらいの時間が必要ですか？

Question 33

Answerer 稲富 直彦・神林 翔太

福島第一原発事故から 10 年以上が経過しました。日本周囲を取り囲む海水については，現在既に，多くの場所で「ほぼ事故前の状態」に戻っています。

また，戻る時間は，［大気＜海水＜海底土＜陸上］の順で長くなる傾向があります。さらに，高濃度の汚染源が近くにある場合には，そこからの流入が続くため，その分遅くなります。

福島第一原発事故前に大気圏へ放出された主な核種は，放射性セシウムやストロンチウム-90 でした。Q7 でも述べたように，これらは，今から 40 年以上前に実施されていた大気圏内核実験によって幾度となく大気中に放出され，主に大気を介して地球上に大規模に広がりました。その痕跡は日本近海を含むほぼ全世界の海で検出されており，1996 年に採択された大気圏核実験禁止条約がアメリカ合衆国などの発効要件国の批准を完了できずに未発効であることも含め，その痕跡が 0 になるには大変長い時間がかかることが予想されます。一方で，環境中の放射性物質は地道に調査が続けられ，「戻るのにどれくらい時間がかかるか」を推測する貴重な情報源ともなっています。

以下，実際に行われる調査から「戻るのにどれくらい時間がかかるか」を推測した例を紹介します。

Q27 では，福島第一原発事故による放射性物質の影響を把握する調査を紹介しました。福島第一原発からおよそ 10 km 以内の範囲を対象とした「近傍・沿岸海域」，宮城県・金華山沖から千葉県・銚子沖の範囲を対象とした「沖合海域」，東経 142 度から 144 度を対象とした「外洋海域」でモニタリングが実施されています。

海水について

近傍・沿岸海域で採取された海水に含まれるセシウム-137濃度は，調査を開始した2013年以降穏やかな減少を示していますが，2019年度に得られた調査結果では，未だ沖合海域や外洋海域に比べておよそ一桁高い濃度レベルにある一方，30 km圏外の沖合と外洋海域では，福島第一原発事故前5年間の濃度範囲（1リットル当たり1.1～2.4ミリベクレル）の水準まで減少していました（**口絵10**）。このことから，福島第一原発に近い周辺海域では，未だ事故前のレベルに至っていないものの，30 km圏外の海域では福島第一原発事故前のレベルに近づきつつあることが推測できます。

海底土について

2019年度に採取した沖合海域の表層海底土に含まれるセシウム-137濃度は，一部の測点を除き，福島第一原発事故前の5年の平均値（乾燥土1キログラム当たり0.87ベクレル）より高い濃度でした。2011年9月からの濃度変化を幾何平均で示したところ，約8年半で乾燥土1キログラム当たり47ベクレルから8.2ベクレルまで減少していました。この海底土中のセシウム-137濃度の減少傾向を数式に当てはめて半減期を求めたところ，およそ3.3年と見積もられました[1)]。この値はセシウム-137固有の物理学的半減期（約30年）よりも早く減衰していることを示しています。このように，海底土に含まれるセシウム-137が物理学的半減期よりも早く減少している原因としては，1）生物の影響による堆積の深い方向への移動，

2）海底土が海水中に舞い上がって移動，3）海底土から直上の海水への溶け出しなどが考えられます。海底土中のセシウム-137濃度を降り積もった深い方へ層別に分布を調べると，深い方向に濃度の増加は確認できませんでした。そのため，1）の生物の影響が主な原因ではないと考えられます[2)]。また，海底土の粒径が大きい測点では濃度の減少率も大きいことがわかっています。これは，セシウム-137濃度が高く粒径の小さい粒子は舞い上がって移動しやすいため，大きい粒子が多い海底土では減少速度が速い傾向であることを反映していると考えられます[3), 4)]。

以上のように「事故前の状態に戻るまで，どのくらいの時間が必要か」を明らかにするためには，地理的な分布や濃度の経時的な変化が重要なヒントとなるため，引き続きモニタリングを続け，データを積み上げることが必要になります。

参考文献
1）公益財団法人海洋生物環境研究所（2020）：平成31年度原子力施設等防災対策等委託費（海洋環境における放射能調査及び総合評価）事業 調査報告書.
2）Kusakabe, M., Inatomi, N., Takata, H., Ikenoue, T. (2017): *J. Oceanogr.*, 73, 529–545.
3）Takata, H., Hasegawa, K., Oikawa, S., Kudo, N., Ikenoue, T., Isono, R. S., Kusakabe, M. (2015): *Mar. Chem.*, 176, 51-63.
4）Takata, H., Kusakabe, M., Inatomi, N., Ikenoue, T., Hasegawa, K. (2016): *Environ. Sci. Technol.*, 50, 6957–6963.

福島第一原発事故で発生した処理水はどうして海洋に放出しなければならないのですか？

Question 34

眞道 幸司・日下部正志

現時点で技術的に最も確実な方法であり，守るべき基準まで薄めて海洋に放出すれば科学的に安全で，影響がないと考えられるためです。

2011 年 3 月 11 日に発生した東日本大震災では，津波によりすべての電源を失って核燃料が冷却できなくなった東京電力福島第一原子力発電所において，爆発で原子炉が破損し，高温になった核燃料が原子炉建屋内で溶け落ちました。

原子炉建屋内に格納された使用前や使用済みの核燃料，核燃料が充填された原子炉を冷却するために事故の直後から注入された海水，原子炉建屋内に溶け落ちて残った核燃料やタービン建屋の内部に残った高い線量の水に触れた地下水には，トリチウムを含む 62 種類もの放射性核種が高い濃度で含まれています。これを汚染水と呼び，そのままでは処分することができないので，外へ漏れ出るのを最小限に抑えて保管しながら，含まれるセシウム，ストロンチウムなど 62 の放射性核種を水から取り除く準備が進められました（詳しくは Q30 参照）。2013 年 3 月に稼働した多核種除去設備（通称 ALPS）によって，これら 62 の核種は，これ以下であれば放出しても危険性は限りなく小さく，許容できる濃度（告示濃度限度）を下回るまで処理できるようになりました。これを処理水（または ALPS 処理水）と呼んでいます。しかし，トリチウムだけは水（H_2O）の形態をとるため，どうしても除去できずに処理水中にもそのまま残ってしまいます。

一方で，トリチウムは宇宙線と大気との反応で絶えず生成されており，その壊変に伴って放出する放射線（ベータ線と言い

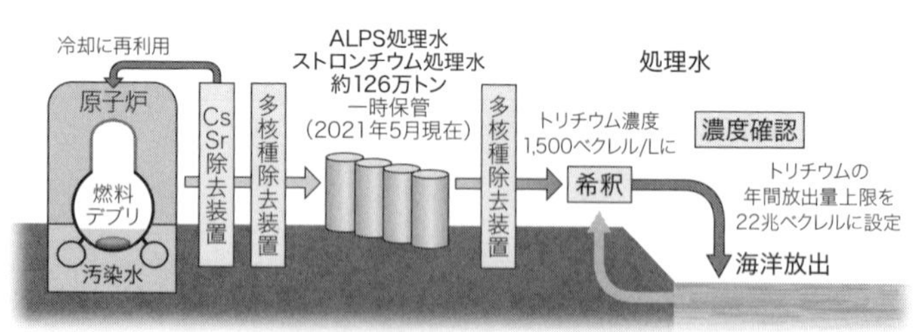

ALPS処理水(約37万トン):多核種除去装置でトリチウム以外の放射性核種を規制基準値以下に処理した水
処理途上の水(約87万トン):多核種除去装置で,処理途上の水
ストロンチウム処理水(約2万トン):セシウムとストロンチウムを除去処理した水

図 34-1　処理水の海洋放出（文献 4 より著者作成）

ます）は放射性セシウムの 1,000 分の 1 程度と非常に弱いものです。トリチウムは質量数 3 の水素ですから，水として存在しており，海洋に放出すると速やかに海水の移動拡散とともに薄まることがわかっています。それゆえ，国内で運転している原子力発電所では，通常の運転中にも生成してしまうトリチウムを安全が確認されている濃度（告示濃度限度；1 リットル当たり 60,000 ベクレル）* 以下に薄め，年間の放出量に上限を定めて近隣の海へ放出していました。

処理水の海洋放出計画（**図 34–1**）では，含まれるトリチウムの年間放出量の上限を 22 兆ベクレルに定めています。また，保管タンクに保管される処理水を分析した結果，この年間放出量の上限を下回るように放出すると，放出時のトリチウム濃度は 1 リットル当たり 1,500 ベクレル未満となります。これは世界保健機関（WHO）が定める飲料水に許容する基準値（1 リットル当たり 10,000 ベクレル）*の約 7 分の 1 であり，福島の海を模擬した条件で試算すると，放出された途端，周囲の海水と混ざり合い，1 リットル当たり 1 ベクレルまで薄まると予測されています。そして，実際に海洋へ放出が始まれば，国の総合モニタリング計画（詳しくは Q45 参照）に従って，環境省，水産庁，原子力規制庁及び福島県，さらに，放出する側の東京電力ホールディングスが分担して海水や生物の調査を行って，予測どおりに安全が保たれているかを監視することになっています。

自然界にある濃度（1リットル当たり0.1～1ベクレル程度）と同じくらいまで薄まれば，科学的には何も問題がないことがわかっているのですが，それを安心として納得できるかは立場によって人それぞれです。処理水を放出する側の事業者やそれを監督する政府は，科学的に示された安全性がすみずみまで行きわたるような情報公開を行って，社会的な安心感が自然と広まるような努力が求められています。また，処理水の海洋放出によって風評が起こることが予想されるなら，その具体的な対応策を準備しておくことも必要でしょう。

*60,000ベクレル

国がトリチウムを含む液体の環境放出に対して定める規制基準値。仮に，原子力施設の放出口から排出される水を毎日2リットル飲み続けたとして，国際放射線防護委員会が勧告したトリチウムに由来する1年間の被ばく上限である1ミリシーベルトとなる濃度を計算すると，「1リットル当たり60,000ベクレル」になることを根拠としている。

*10,000 ベクレル

世界保健機関 WHO が定める飲料水に許容する基準値。
この濃度の水を毎日 2 リットル飲み続けたとして，含まれるトリチウムに由来する 1 年間の被ばく線量が 0.13 ミリシーベルトとなる濃度を，飲料水にはトリチウム以外の放射性核種を含むこと，大人と子供で影響の受け方に違いがあることを加味して安全側に余裕を持たせて計算すると，「1 リットル当たり 10,000 ベクレル」になることを根拠としている。

参考文献
1) 環境省ウェブサイト: 放射性物質を環境へ放出する場合の規制基準，放射線による健康影響等に関する統一的基礎資料（令和 3 年度版）. https://www.env.go.jp/chemi/rhm/r3kisoshiryo/r3kiso-06-03-07.html（2023 年 9 月 4 日ダウンロード）
2) 東京電力ホールディングス株式会社 福島第一廃炉推進カンパニー（2018）: 多核種除去設備等処理水の性状について. https://www.meti.go.jp/earthquake/nuclear/osensuitaisaku/committtee/takakusyu/pdf/010_03_01.pdf（2021 年 4 月 14 日ダウンロード）
3) 国立保健医療科学院（2012）: 飲料水水質ガイドライン第 4 版（日本語版）. https://www.niph.go.jp/soshiki/suido/WHO_GDWQ_4th_jp.html（2023 年 9 月 4 日ダウンロード）
4) 経済産業省ウェブサイト: ALPS 処理水の処分. https://www.meti.go.jp/earthquake/nuclear/hairo_osensui/alps.html（2023 年 9 月 4 日ダウンロード）

請戸漁港の出初式（2020 年，福島県浪江町より提供）

Section 6
福島第一原発事故の漁業への影響

原発事故後，日本の漁獲量はどのように変化しましたか？

Question 35

Answerer 山田　裕・小林　創

福島第一原発事故の直後は，漁船や港湾，市場施設が被害を受けたことにより，操業そのものができませんでした。また，事故で放出された放射性物質の影響から出荷規制がかかり，漁獲量が減ることもありましたが，その後着実に回復してきています。

日本全体の漁獲量は昭和 59 年（1984 年）に最大（12,820 千 t）となった後に減少傾向となり，令和元年には 4,143 千 t でした。同様に漁獲金額は昭和 57 年に最大（2 兆 9,722 億円）となった後に減少傾向となって，令和元年には 1 兆 3,698 億円でした（**表 35-1**[1)〜12)]）。

世界的な健康志向を背景に，海外での水産物の需要が増加し続けており，漁獲量も増加している一方で，多くの魚種について資源水準の低下が心配されており，日本でも漁獲が低迷しているというのが大きな流れです。

それでは，福島第一原発事故前後の日本国内の漁獲量はどうだったのでしょう。事故前となる平成 22 年度は 5,312 千 t（内，沿岸部 1,290 千 t）に対し，事故後の平成 23 年度は 4,765 千 t（内，沿岸部 1,130 千 t）で，東日本大震災の被害を反映し，平成 22 年に比べて 10％程度減少しました（**表 35-1**[1)〜12)]）。ただし，この 10％の中には資源水準の低迷

図 35-1　日本の海面漁獲量と生産額の推移

統計年度	H22	H23	H24	H25	H26	H27	H28	R1	R3
海面漁獲量 [千 t]	5,312	4,765	4,864	4,791	4,793	4,688	4,359	4,143	4,163
海面生産額 [億円]	14,826	14,210	14,178	14,396	15,057	15,916	15,856	13,698	12,759

表 35-2　東日本大震災による水産施設の被害状況

主な被害	全国		うち7道県	
	被害数量	被害額（億円）	被害数量	被害額（億円）
漁船（隻）	28,612	1,822	8,479	1,812
漁港施設（港）	319	8,230	319	8,230
共同利用施設（施設）	1,725	1,249	1,714	1,247
養殖施設	—	738	—	719

による影響なども含まれるので，単純に震災の影響だけとは言い切れません。

震災による漁港や市場機能，漁船，漁場そのものへの直接被害として，漁船 28,612 隻（1,822 億円），漁港施設 319 港（8,230 億円），市場等共同利用施設 1,725 施設（1,249 億円），養殖施設 738 億円が報告されています（**表 35-2**[3)]）。

特に被害の大きかった7道県（北海道，青森県，岩手県，宮城県，福島県，茨城県，千葉県）においては，漁船 8,479 隻（1,812 億円），漁港 319 港（8,230 億円），市場等共同利用施設 1,714 施設（1,247 億円），養殖施設 719 億円が報告されています。この7道県の生産量が日本全国に占める割合は，平成22 年度時点の漁獲量のおよそ5割，養殖生産のおよそ4割に当たります。

平成 23（2011）年7月に国が策定した「東日本大震災からの復興の基本方針」は，復興期間を令和2年度までの10年間と定め，震災直後は復旧，その後は復興事業が優先的に進められました。水産庁によれば，直接被害による影響から着実に回復してきており，令和2年時点の7道県では，平成22年に比較し

表 35-3　東日本大震災による7道県の漁港施設の復旧状況（被災時の被害総数：2,853 か所）

統計年度	H26	H27	H28	H29	H30	R1	R2
復旧した漁港施設数	974	1,417	1,903	2,324	2,514	2,602	2,695
H22に対する復旧率[%]	34.1	49.7	66.7	81.5	88.1	91.2	94.4

表 35-4　被災３県（岩手，宮城，福島）の復興状況

	H26	H27	H28	H29	H30	R1
支障の定置漁場	1,004	987	992	990	988	988
処理済漁場	976	960	988	988	988	988
支障の養殖漁場	1,101	1,100	1,129	1,131	1,135	1,135
処理済漁場	1,045	1,077	1,103	1,116	1,124	1,128
撤去率　定置	97.2%	97.3%	99.6%	99.8%	100.0%	100.0%
同　養殖	94.9%	97.9%	97.7%	98.7%	99.0%	99.4%

て漁港の94％で陸揚げ機能が回復しています（**表 35-3**[5)～12)]）。

また，岩手，宮城，福島の被災３県においては，瓦礫等により漁業活動に支障のあった定置漁場の100％が機能回復し，養殖漁場の99.4％で瓦礫が撤去済みとなっています（**表 35-4**[12)]）。

最後に，岩手，宮城，福島の被災３県における海面漁獲量と生産額の推移を見てみましょう。再開を希望する福島県内の漁船の計画的な復旧，水産加工施設の９割以上が業務再開したことにより，令和２年時点で，平成 22 年に比較して海面漁獲量が 69％まで回復しています（**表 35-5**[12)]）。

表 35-5　被災３県（岩手，宮城，福島）の海面漁獲量と生産額の推移

統計年度	H22	H23	H24	H25	H26	H27	H28	R2
海面漁獲量［千 t］	462	181	285	325	367	345	323	317
H22 に対する漁獲の復旧率[%]	—	39.2	61.7	70.3	79.4	74.7	69.9	68.6
海面生産額［億円］	801	375	560	649	695	743	722	610

参考文献

1）平成 22 年度水産白書（2011）.
2）平成 23 年度水産白書（2012）.
3）平成 24 年度水産白書（2013）.
4）平成 25 年度水産白書（2014）.
5）平成 26 年度水産白書（2015）.
6）平成 27 年度水産白書（2016）.
7）平成 28 年度水産白書（2017）.
8）平成 29 年度水産白書（2018）.
9）平成 30 年度水産白書（2019）.
10）令和元年度水産白書（2020）.
11）令和 2 年度水産白書（2021）.
12）令和 3 年度水産白書（2022）.
＊1）～9）
https://warp.da.ndl.go.jp/info:ndljp/pid/11287682/www.jfa.maff.go.jp/j/kikaku/wpaper/index.html
10）～12）
https://www.jfa.maff.go.jp/j/kikaku/wpaper/

福島県の漁業はどの程度復活していますか？

Question 36

Answerer 山田　裕・小林　創

2023年6月に公表された「令和4年度水産白書」によれば，福島県内では，震災により被害を受けた陸上施設（港湾，産地市場）がほぼ復旧し，漁船数は6割程度まで復旧したと報告されています。漁場となる海では，沿岸部の地形変化，津波によって流出した瓦礫の堆積，福島第一原発事故で広まった放射性物質の影響などにより復興が遅れましたが，着実に復興してきています。

福島県の水産業は，日本の中でどのような位置にあるのでしょうか。水産白書や福島県水産要覧に基づいて，福島第一原発事故前後の福島県と全国の水産に関するデータを比較してみます（**表 36-1** 参照[1)～3)]）。事故前の平成22年度（2010年度）時点で福島県の全国に占める位置は，以下のとおりでした。

①海面漁業の漁獲量79千トン（全国：4,122千トン，16位）
②同　漁獲金額182億円（全国：9,715億円，17位）
③海面養殖の収穫量1千トン（全国：1,111千トン，27位）
④同　収穫金額5億円（全国：4,284億円，28位）
⑤内水面の漁獲量0.4千トン（全国：40千トン，12位）
⑥内水面養殖の収穫量1.6千トン（全国：39千トン，7位）

一方，福島第一原発事故後5年を経過した平成28年度時点の福島県の全国に占める位置は以下のとおりで，復興が遅れている海面養殖を除き事故前の漁獲量や生産額に戻りつつあります。

①海面漁業の漁獲量48千トン（全国：3,264トン，20位）
②同　漁獲金額79億円（全国：9,619億円，29位）

表 36-1　福島県内の水産業復興の推移

統計年度	H22	H25	H26	H27	H28	H29	H30	R1	R2	R3
海面漁獲量 a［千 t］	78.9	45.2	59.8	45.4	47.9	52.8	50	69.4	71.5	62.7
海面養殖業生産量 b［千 t］	1.5		0	0	0	0	0.04	0.13	0.08	0.17
海面生産量 a+b	80.4	45.2	59.8	45.4	47.9	52.8	50.0	69.5	71.6	62.9
内水面漁獲量 c［千 t］	0.4	0.02	0.02	0.06	0.05	0.03	0.05	0.01	0.01	0.004
内水面養殖生産量 d［千 t］	1.6	1.3	1.4	1.4	1.3	1.3	1.3	1.3	1.1	1.1
内水面生産量 c+d	2	1.32	1.42	1.46	1.35	1.33	1.35	1.31	1.11	1.10
福島県合計 a+b+c+d	82.4	46.5	61.2	46.9	49.3	54.1	51.4	70.8	72.7	64.0
海面生産金額 A［億円］	182	79	86	95	79	101	97	87	99	94
海面養殖生産金額 B［億円］	5		0	0	0	0	0.1	0.5	0.3	0.7
海面生産金額 A+B	187	79	86	95	79	101	97.1	87.5	99.3	94.7

③海面養殖の収穫量　無し（全国：1,032千トン，順位無し）
④同　収穫金額　無し（全国：5,097 億円，順位無し）
⑤内水面の漁獲量 0.05 千トン（全国：28 千トン，25 位）
⑥内水面養殖の収穫量 1.3 千トン（全国：39,403 千トン，6 位）

平成 23（2011）年 7 月に国が策定した「東日本大震災からの復興の基本方針」では，復興期間を令和 2 年度までの 10 年間と定め，被災地域での漁港施設，漁船，養殖施設，漁場等の復旧が積極的に進められてきました。現時点で最新となる令和 3 年度の統計データを平成 22 年度のデータと比較すると，福島県内の水産業は以下の復興状況となります。

①海面漁業の漁獲量 62.7 千トン
（平成 22 年度：79 千トン，対 22 年度の 80%）
②海面養殖の収穫量　0.17 千トン
（平成 22 年度：1 千トン，対 22 年度の 11%）
③内水面の漁獲量 0.004 千トン
（平成 22 年度：0.4 千トン，対 22 年度の 1 %）
④内水面養殖の収穫量 1.1 千トン
（平成 22 年度：1.6 千トン，対 22 年度の 69%）

東日本大震災は，福島県内の海面や内水面の漁場にも大きな影響を及ぼしました。地震そのものによる影響だけでなく，津波による海底地形の激変，陸地や港，沿岸から流出して堆積した海底ゴミ（瓦礫）のために，震災前に行っていた曳網による操業などが難しくなりました。

漁場の利用が再開できるようになるまでには，海底を測量して新たな地形と瓦礫の堆積状況を把握し，漁業者自らが底引き網等を利用して瓦礫の撤去を繰り返し行うなどして，現在は着実に復興が進んでいるところです。

また，こうした直接的な漁場への影響によって漁業自体が操業できなかったことに加えて，福島第一原発事故による放射性核種の放出により生じた漁獲物に対する消費者の心配や風評もありました。原発事故による風評に対しては，試験操業の仕組みを整え，漁獲された水産物を漁業関係者や自治体が厳しい基準で自主検査するなど地道に安全性の確認が行われ，安心・安全が着実に示されてきているところです。

参考文献
1）令和４年度水産白書（2023）．https://www.jfa.maff.go.jp/j/kikaku/wpaper/R4/230602.html（2023年12月1日ダウンロード）
2）福島県水産要覧（令和５年６月版）．https://www.pref.fukushima.lg.jp/sec/36035e/suisanka-yoran.html（2023年12月1日ダウンロード）
3）ふくしま復興情報ポータルサイト（復興情報ポータルサイト）．https://www.pref.fukushima.lg.jp/site/portal/（2023年12月1日ダウンロード）

試験操業とは何ですか？

Question 37

Answerer 山田　裕・小林　創

福島第一原発の事故後，漁業の自粛が続いている福島県で，魚介類中に含まれる放射性物質の検査（モニタリング検査と言います）によって安全性が確認された魚種に限定し，関係機関の管理のもとで小規模な漁（操業）や販売を試験的に行い，市場や消費者などの評価を見きわめるために行っている漁業のことを「試験操業」と言います。

福島第一原発事故によって放射性物質が海に流れ出たため，福島県や福島県漁業協同組合連合会，関係漁業協同組合では，安全な魚介類を消費者に提供できないと判断し，それまで沿岸や沖合で行われてきた漁業を自粛しなければなりませんでした。また，内閣総理大臣が本部長を務める原子力災害対策本部から，国が決めた一般食品中に含まれる放射性物質の許容限度となる基準値（放射性セシウムで1キログラム当たり100ベクレル）をもとに，魚介類についても種類や区域によって出荷や採捕が制限されました（Q41参照）。

しかし，福島県が行う魚介類のモニタリング検査の結果を見ると，放射性物質の濃度はすべての魚種で一様に高いわけではなく，事故直後から低い魚種，あるいは事故直後の一時は高かったものの，時間が経過するとともに明らかに濃度が低下した魚種も見られました（Q43参照）。

そのような状況の中，福島県の漁業を衰退させないためにも，国や福島県，福島県漁業協同組合連合会，関係漁業協同組合，関係流通業者の方々の間でさまざまな協議が行われました。そして事故から1年以上が経過した2012年6月，市場や消費者などの評価（福島県産の魚介類が売れるかどうか）を見きわめ，福島県の漁業再開に向けた情報を得ることを目的に，多くのモニタリング検査の結果をもとに安全性が確認された魚種に限定して，小規模な操業や販売を試験的に行う漁業，すなわち「試験操業」が開始されました。

通常の操業では，魚介類を獲りすぎないように魚種や漁法，季節など，一定のルールが決められているものの，個々の漁業者がそれぞれの判断によって自由に漁が行われます。一方，試験操業では，福島県漁業協同組合連合会を中心とした関係機関の管理のもと，対象となる魚種だけではなく，漁を行う場所（操業海域）や回数など，細かく決められたルールの中で操業が行われます。試験操業の細かなルールは，モニタリング検査の結果を受けて，４段階の慎重な議論を経て決められています（**図 37–1** 参照）。まずは漁業者や流通業者の方々の間で対象となる魚種や漁法，流通体制などについて議論されます。次に，相馬双葉地区といわき地区の２か所にある地区試験操業検討委員会で計画について議論され，合意を得ます。その後，国や福島県の関係者，大学などの専門家，消費者団体や流通業者の代表者によって構成された福島県地域漁業復興協議会で計画に了解を得ます。そして最後に，福島県内の漁業協同組合の組合長で構成された組合長会議での最終判断を経て，初めて漁獲できる魚種や操業海域が追加されます。

2012 年６月の試験操業の開始当初は，ミズダコ，ヤナギダコ，そしてシライトマキバイの３魚種のみの操業でした。また漁ができる場所も，福島第一原子力発電所から北東方向に 40 km 以上離れた海域に限定されていました。その後，国に

モニタリング調査

漁業者,流通業者での協議

モニタリング結果から安全性を確認し,
漁をする魚種を選定,漁をする場所や流通体制を検討

地区試験操業検討委員会

相双,いわきで,計画を協議し,地域の合意を得る

地域漁業復興協議会

漁業者代表,消費流通代表,有識者,行政機関
の間で計画を協議

組合長会議

最終判断します

計画した魚種の漁を再開

2017年3月以降
　発電所から半径10 km圏内を除く,福島県沖合で操業
2020年2月8日現在
　クロソイ1種のみが出荷制限

市場への流通・販売

図 37-1　試験操業の流れ（文献 1 より著者作成）

よる出荷や採捕の制限が少しずつ解除され，モニタリング検査でも安全性が確認された魚種が増えた結果 2017 年 1 月までにヒラメやカレイ類を含む 97 種が対象魚種となり，さらに同年３月には，国による出荷が制限された魚種（高濃度の個体が見られるメバル類やクロダイなどの 13 種）を除くすべての魚介類が，試験操業の対象魚種となりました。その後も国による出荷の制限が徐々に解除され，2020 年 2 月 25 日，海の魚介類では最後まで残されていたコモンカスベの出荷の制限が解除されたことにより，事実上すべての魚介類が試験操業の対象魚種となりました。操業海域についても 2017 年 3 月以降，福島第一原子力発電所から半径 10 km を除く福島県の沖合全域で操業可能となっています。また，福島第一原子力発電所の港湾は

放射性物質の濃度が高い区域ですが，網や構造物で港湾外に魚が出るのを防ぐ対策がなされています。

試験操業で水揚げされた魚介類は，相馬双葉地区・いわき地区に備えた検査所で魚種ごとに十分な安全確認のスクリーニング検査が行われた後，出荷されています。また，基準値を超える高濃度の個体が複数尾で漁獲された場合には，再度，出荷を制限することになっています（詳しくはQ44 参照）。

参考文献
1) ふくしま復興情報ポータルサイト: 産業の再生・振興，アーカイブ記事一覧，試験操業の流れ.
https://www.pref.fukushima.lg.jp/site/portal/65-1.html
2) 読売新聞 20200511 朝刊: 福島県の試験操業の今.
3) ふくしま復興情報ポータルサイト: 福島県の水産物の緊急時モニタリング検査結果について.
https://www.pref.fukushima.lg.jp/site/portal/ps-suisanka-monita-top.html（2022 年 2 月 8 日ダウンロード）

海だけでなく川や湖の漁師さんも困っていませんか？

Question 38

Answerer 眞道 幸司・小林 創

困っています。海洋に比べ陸上の河川や湖沼では濃度も高く，影響が長期化する心配があり，海の漁師さん以上に苦労しているかもしれません。

山野に残った放射性物質が降雨の際に洗い出されて川へ流れ出すこと，両岸の土手や河底に溜まった泥に放射性物質が含まれ，増水した際に下流へ運ばれることが知られています[1)]。また，池や沼，湖では，一旦流れ込んだ放射性物質が外へ流れ出すには時間がかかること，出口のない湖沼では，放射性物質の壊変以外に，放射性物質を減少させる経路がないと考えられています。このように陸上の水域では，局所的にまとまった量の放射性物質による影響が未だ心配されます。一方，海洋は広く，水の動きがあるため，海水に溶けたものは広範囲に広まり濃度も薄くなりやすく，粒子に付いて海底に一旦沈んだものも広い範囲へ拡散して薄まりやすいようです（Q13参照）。陸上の水域に比べ，海洋では放射性物質による影響から早く回復に向かうと考えられます。

加えて，川や池や湖沼に住む淡水の魚介類は，体内の放射性物質を体外へ排出する速度が海産魚に比べて遅く，体内の放射性物質濃度が高くなる傾向があります（Q23参照，**口絵 11**）。また，アユ，ウナギ，コイ，イワナ・ヤマメ・マス類，サケ稚魚など海に比べ漁業の対象となる種類が少なく，漁が認められる範囲（漁師さんが優先的に漁をできる権利：漁業権を持つ範囲）が，特定の川，支流も含めた一つの水系，一つの湖もしくは池沼の単位であり，海での漁業のように，影響を避けて別の場所で，他の獲物を狙って漁をすることが難しい状況にありま

表 38-1　2019 年調査での海と陸上における環境中放射性セシウム濃度の違い[3)]

水　域	放射性セシウム（セシウム-137 ＋セシウム-134）濃度	
	水質［Bq/L］	底質［Bq/kg 乾重量］
河川	全 53 地点で不検出	不検出～ 4,500
湖沼・水源地	不検出～ 9.5	1.3 ～ 367,000
海洋沿岸域	全 14 地点で不検出	1.5 ～ 690

す。また，養殖業についても，養殖施設の用地，用水の確保，流通との連携などに制約があり，影響を避けて海面養殖のように養殖する場所を移動させることが困難な状況にあります。

福島県では，事故直後から淡水魚の放射能汚染を調査しています（Q44参照）。餌からの汚染をコントロールできる養殖魚では，放射性セシウムの影響を防ぐ手立てがあり，2015 年以降，すべての検査サンプルが分析装置で調べても検出できない（検出下限値未満）ほど回復しています。一方，河川・湖沼域に生息する天然魚では，未だ放射性セシウムが検出されることがあり，アユ，コイ，フナ，ウグイ，ヤマメ，イワナ，ウナギ等に出荷制限等の措置がとられている水系もあるようです[2)]。なお，最新の状況については，福島県のホームページなどで確認できます。

参考文献
1) 辻 英樹（2019）: 国環研ニュース 38.
https://www.nies.go.jp/kanko/news/38/38-2/38-2-02.html
（2020 年 4 月 14 日ダウンロード）
2) 和田敏裕（2019）: 季刊エブオブ, 72.
https://www.ows-npo.org/media/backno/tokushu72forWeb.pdf（2020 年 4 月 14 日ダウンロード）
3) 環境省ウェブサイト: 令和元年度公共用水域放射性物質モニタリング調査結果（まとめ）, 2. 各県別調査結果（福島県）.
https://www.env.go.jp/jishin/monitoring/results_r-pw-r01.html（2020 年 4 月 14 日ダウンロード）
4) 水産庁ウェブサイト: 安心して魚を食べ続けるために知ってほしい放射性物質検査の話.
https://www.jfa.maff.go.jp/j/koho/saigai/attach/pdf/index-13.pdf（2020 年 4 月 14 日ダウンロード）

福島の海や川で釣りはできますか？ 自分で釣った魚であれば，基準値を超える恐れがあっても食べてもよいですか？

Question 39

Answerer 眞道 幸司・小林　創

福島県の指示に従ってください。福島第一原発事故の影響によって，遊漁（釣りや投網などによる捕獲）を制限している場所の指示があります（福島県水産課のウェブページを参照）。

基準値を超えた魚が捕獲される可能性がある釣り場では遊漁が制限されている場合が多いようです。また，一般食品としての基準値（生鮮量1キログラム当たり100ベクレルの放射性セシウムを含む）を超えた魚を食べても，すぐに健康を害する可能性は低いですが，食べることは避けるべきだと考えられます。

2011年3月の福島第一原発事故以前には，河口や立入禁止の場所，禁漁の時期を除いて，釣りを楽しむことができました。しかし，国や県は，2011年3月の事故によって放射性物質で汚染された海，川，湖沼などの水域から基準値を超えた魚が捕獲されたとき，食品の安全性を確保する法律（食品衛生法）に基づいて漁獲物に出荷制限の指示を出します。また，その制限が解除されるまではその水域で出荷が制限された魚種を釣ることができないと説明しています[1)]。

実際に，2019年11月の時点で，魚の持ち帰りを禁止して，特別に釣りができる場所は，栃木県の中禅寺湖や日光市足尾の渓流の一部などのわずかな水域に限られていました[2)]。釣りをしたい場所で遊漁が可能かどうかは，事前に福島県水産課のウェブページなどで調べて確認してください。

自分が釣った魚が基準値を超える心配があり，食べてよいか判断に困ったときについては，水産庁が次のように指示しています（2017年時点）。「自分が釣ってきた魚を食べてよいか不安な場合には，釣った魚と同じ種類，あるいは同じ場所に生息している魚の検査結果を都道県や水産庁のホームページでご確認ください。もし，釣った場所の近くで基準値を超える放射性セシウムが検出され，出荷が控えられていたり，このような種類の魚を対象とする漁業が行われていない場合には，都道県へ相談して指示に従ってください。」[3)]

放射性セシウムが生鮮量1キログラム当たり100ベクレル（食品としての出荷が認められる上限値）を超えた魚を食べても，すぐに健康を害する可能性は低いですが，その魚を何回も食べ続けたり，別の食品に含まれた放射性セシウムを気が付かずに食べ合わせてしまったりする心配もありますので，そのような魚は食べることを避けた方がよいと考えられます。

参考文献
1）ふくしま復興情報ポータルサイト：福島県の水産物の緊急時モニタリング検査結果について．
https://www.pref.fukushima.lg.jp/site/portal/ps-suisanka-monita-top.html（2020年12月26日ダウンロード）
2）横塚哲也，阿久津正浩，小堀功男，中村智幸（2018）：栃木県水産試験場研究報告，62．
https://www.pref.tochigi.lg.jp/g65/documents/12_h29_chuzenziko_keizai.pdf
3）水産庁ウェブサイト：水産物についてのご質問と回答（放射性物質調査）．
https://www.jfa.maff.go.jp/j/kakou/Q_A/index.html
（2020年9月16日ダウンロード，現在はアクセス不能）
4）和田敏裕（2019）：季刊エブオブ，72．
https://www.ows-npo.org/media/backno/tokushu72forWeb.pdf

福島第一原発事故後，海外で日本の魚介類の輸入規制が続いているのはなぜですか？

Question 40

Answerer 横田 瑞郎・村上 優雅

福島第一原発事故後，漁業団体や日本国政府が検査データを積み重ねることで，魚介類の放射性セシウム濃度が年々低下し，国が定めた基準値を大きく下回ることを確認し，広く海外まで周知できたので，日本の魚介類の輸入規制を解除する国が着実に増えています。しかし，一部の国では食の安全性について，とても慎重なため，輸入規制が継続されています。

食の安全性については，放射性セシウムが最も懸念される物質となります。その主な理由として，原子力発電所が原子炉自体の破損を伴う今回のような事故を起こすと放射性セシウムの放出量が多くなってしまうこと，放射性セシウムが私たち人間や魚介類を含む動物の筋肉に移行しやすい性質があることがあげられます。

事故以前には「暫定規制値」というものがあり，魚介類の放射性セシウム濃度に関して「1キログラム当たり500ベクレル」が許容の上限として設定されていました。事故直後には魚介類からその暫定規制値を超える放射性セシウムが検出されたこともあり，海外の国々は日本からの輸入を規制しました。

国内では事故後，魚介類の生活環境（海水，海底土）の安全性を確認するための海洋モニタリングが早急に開始され（Q27参照），2011年9月からは，魚介類の食の安全性を確認するための放射能検査が国の事業として開始されました（Q41参照）。さらに2012年4月には新たな基準値として「1キログラム当たり100ベクレル」が設定され，基準値を超えた場合には出荷の自粛や制限を行う処置がとられました（Q37, 43参照）。事故後，時間の経過とともに魚介類に含まれる放射性セシウムは着実に低下していき，2020 年 9 月には検査対象となる魚介類すべてが基準値を下回る状況が一定期間続いたことで，出荷制限が解除されました。

事故当初には，50 か国以上が日本からの輸入停止の処置をとっていましたが，2023 年 10 月現在では輸入を停止している国は 6 か国にまで減っています（**表 40-1**）。このように，一部の国では，各国の食品の安全性に対する取り組み方などが異なることもあって慎重な姿勢があり，東日本の一部の都県を対象とした輸入規制を継続しています。したがって，日本の魚介類の輸入規制を継続している国だけでなく，世界で日本の魚介類を食べてくれている人たちに安心・安全をアピールするためにも，魚介類の放射能検査はこれからも必要不可欠です。

参考文献
1) 外務省ウェブサイト: 諸外国・地域による輸入規制等に対する取組, 2 諸外国・地域の輸入規制状況. https://www.mofa.go.jp/mofaj/saigai/anzen.html (2023 年 12 月 1 日ダウンロード)
2) 農林水産省ウェブサイト: ALPS 処理水の海洋放出に伴う規制について, 1. 諸外国・地域の規制措置等, (1) 輸入規制の概要. https://www.maff.go.jp/j/export/e_info/hukushima_kakukokukensa.html（2023 年 12 月 1 日ダウンロード）

表 40-1　諸外国・地域の食品等の輸入規制の状況（2023 年 10 月時点）[1), 2)]

2013 年事故当初，輸入を規制していた国や地域

国・地域数／規制の内容	国・地域名
輸入停止 54 か国・地域	カナダ，ミャンマー，セルビア，チリ，メキシコ，ペルー，ギニア，ニュージーランド，コロンビア，マレーシア，エクアドル，ベトナム，イラク，オーストラリア，タイ，ボリビア，インド，クウェート，ネパール，イラン，モーリシャス，カタール，ウクライナ，トルコ，パキスタン，サウジアラビア，アルゼンチン，ニューカレドニア，ブラジル，オマーン，バーレーン，コンゴ民主共和国，ブルネイ，フィリピン，モロッコ，香港，中国，台湾，韓国，マカオ，アメリカ合衆国，イギリス，EU 諸国，アイスランド，ノルウェー，スイス，リヒテンシュタイン，仏領ポリネシア，ロシア，シンガポール，インドネシア，レバノン，アラブ首長国連邦（UAE），エジプト，イスラエル

2020 年 9 月現在，輸入規制や規制解除している国や地域

国・地域数／規制の内容	国・地域名
輸入停止 5 か国・地域	香港，台湾，中国，韓国，マカオ，（アメリカ合衆国）*[1]
条件付きで輸入 14 か国・地域	インドネシア，仏領ポリネシア，シンガポール，EU 諸国，アイスランド，スイス，ノルウェー，リヒテンシュタイン，ロシア，UAE，レバノン，イスラエル，エジプト，（アメリカ合衆国）
輸入規制撤廃 35 か国・地域	カナダ，ミャンマー，セルビア，チリ，メキシコ，ペルー，ギニア，ニュージーランド，コロンビア，マレーシア，エクアドル，ベトナム，イラク，オーストラリア，タイ，ボリビア，インド，クウェート，ネパール，イラン，モーリシャス，カタール，ウクライナ，トルコ

*[1]：アメリカ合衆国は食品によって規制，条件付きで輸入の両方の措置をとっています。

2023 年 10 月現在，輸入規制や規制解除している国や地域

国・地域数／規制の内容	国・地域名
輸入停止 6 か国・地域	韓国，中国，香港，マカオ，台湾，ロシア
条件付きで輸入 1 か国・地域	仏領ポリネシア
輸入規制撤廃 48 か国・地域	ミャンマー，ニュージーランド，マレーシア，ベトナム，オーストラリア，タイ，インド，ネパール，パキスタン，ニューカレドニア，ブルネイ，フィリピン，シンガポール，インドネシア，カナダ，アメリカ合衆国，チリ，メキシコ，ペルー，コロンビア，エクアドル，ボリビア，アルゼンチン，ブラジル，セルビア，ウクライナ，イギリス，EU，アイスランド，ノルウェー，スイス，リヒテンシュタイン，イラク，クウェート，イラン，カタール，サウジアラビア，トルコ，オマーン，バーレーン，UAE，レバノン，イスラエル，ギニア，モーリシャス，コンゴ，モロッコ，エジプト

市場で水産物を入手して放射性セシウムやトリチウムの検査を行う

Section 7
福島第一原発事故の水産物・食品への影響

漁獲した魚介類の放射性物質検査はどのように行われていますか？

Question 41

Answerer 山田 裕・村上 優雅

福島県で水揚げされた魚介類については，福島県漁業協同組合連合会と各漁業協同組合が協力して，相馬双葉地区といわき地区の産地市場に設置した検査機器を用いて自主検査を行っています。水揚げされた魚介類について，それぞれの魚種ごとに放射性物質を測定し（スクリーニング検査），安全が確認された魚種について出荷されています。

また，福島県以外の東日本の都道県で水揚げされた魚介類についても，国や都道県が協力して，魚介類中に含まれる放射性物質の検査を行い，安全を確認しています。

福島第一原発の事故により，主にセシウム-134 とセシウム-137 が，福島県を中心とした東日本に放出され（詳しくはQ27 参照），魚介類への汚染が心配されました。

原子力災害対策本部は食品の安全性を確保するため，国により決められた一般食品中に含まれる放射性物質の（放射性セシウムで代表させた）基準値をもとに，魚介類についても種類や区域によって採捕や出荷を制限しました。

これら採捕や出荷の制限解除に向けて，東日本太平洋沿岸からの水揚げに関係する都道県では，魚介類の安全性を確認するため，国と協力して魚介類中に含まれる放射性物質の調査を行ってきました。特に被害の大きかった福島県では，福島県漁業協同組合連合会と各漁業協同組合が協力し，月々 200～500 検体*の魚介類の調査を行ってきました。その努力もあって，2012 年 6 月には 3 魚種で試験操業を開始しています（Q37 参照）。その後も毎週 200 検体前後の検査を続け，安全が確認された魚種を追加し，2017 年 1 月にはヒラメやカレイ類を含む 97 魚種にまで試験操業の対象魚種が増えました。2020 年 2 月 25 日にはコモンカスベ（エイの一種）の出荷制限が解除され，ついに福島県の海域で漁獲された魚介類の出荷制限がすべて解除されています。一方，福島県とその隣県の河川や湖沼などの淡水域では，一部の魚種や区域で出荷や採捕の制限が続いています。なお，食品としての安全性を確保するため，海域も含めて，現在でも継続して魚介類の安全性の確認検査が行われています。

試験操業で水揚げされた魚介類については，福島県漁業協同組合連合会が中心となり，放射性セシウムが国の基準値（100 Bq/kg）を超える魚介類を万が一にも流通させないよう，安全確認のためにスクリーニング検査を行っています。また，国の基準値の 2 分の 1 である 50 Bq/kg を超えた場合，福島県内全体でその魚種の出荷を取り止めると同時に，流通も停止することとしています。スクリーニング検査では，相馬双葉地区といわき地区の産地市場にそれぞれ備えた放射性物質の検査所で，水揚げされた魚介類，1 魚種につき 1 検体以上をそれぞれ簡易的に検査し，放射性セシウムが国の基準値の 4 分の 1 となる 25 Bq/kg 以下であることを確認しています。もし 25 Bq/kg を超えた場合は，すぐに福島県の専門施設にて精密検査を行い，自主基準とする 50 Bq/kg を超えないことを確認した上で，出荷しています（**図 41-1**）。

東日本太平洋沿岸から水揚げされた魚介類については，都道県が中心となり，モニタリング検査を行い，食品としての安全性を確認しています（**図 41-2**）。また，水産庁では関係する都

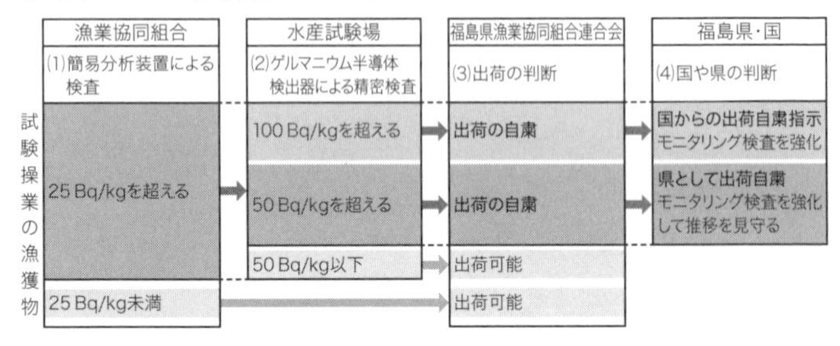

図 41-1　福島県の自主検査体制（文献 2 より作成）

道県や水産団体と協力して，モニタリング検査について支援するとともに，モニタリング検査結果などの魚介類中の放射性物質に関する情報を迅速に提供するための調査を行っています。

なお，これらモニタリング検査やスクリーニング検査の結果は，各都道県や福島県漁業協同組合連合会，水産庁のホームページ上に掲載され，日々更新されています。

＊検体とは，モニタリング検査で放射性物質を測定したモノのこと。魚介類のモニタリング検査では，同じ場所で獲られた同じ魚種について，複数尾数から食べる部分（可食部，主に筋肉部分）を採取し，ミンチ状にしたモノを専用の容器につめて，放射性物質を測定しています。

参考文献
1) 水産庁ウェブサイト: 安心して魚を食べ続けるために知ってほしい放射性物質検査の話.
https://www.jfa.maff.go.jp/j/koho/saigai/attach/pdf/index-13.pdf
2) ふくしま復興情報ポータルサイト: 水産物の検査体制
http://www.pref.fukushima.lg.jp/site/portal/65-2.html

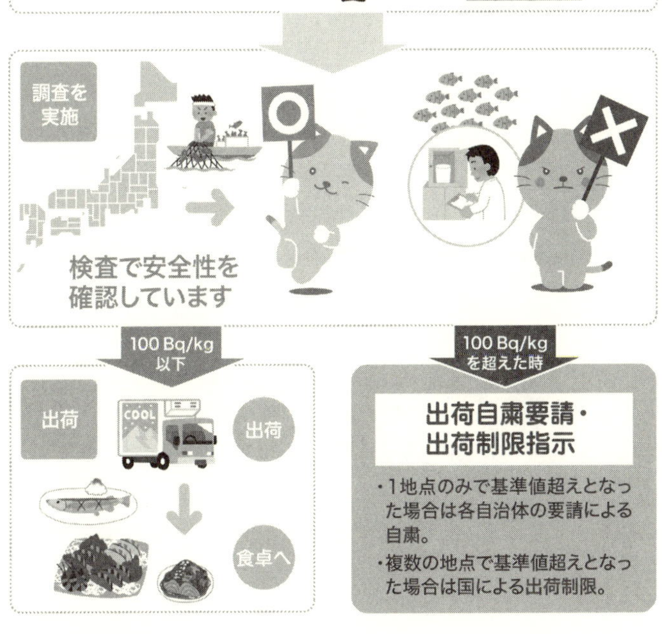

もしも基準値を超えてしまったら・・・
国・自治体がその魚を流通させないように措置をとるため、
基準値を超えた水産物が流通することはありません。

図 41-2　モニタリング検査の枠組[1)]

魚介類を出荷する判定基準はありますか？　放射性物質の測定結果は個体差によってバラツキませんか？国際的にも通用しますか？

Question 42

Answerer 横田 瑞郎・石田 保生

魚介類に限らず野菜類や乳製品など，食品中に含まれる放射性物質の濃度について，食の安全のための基準が日本や諸外国で設定されています。放射性物質の濃度は，同じ海で獲られた同じ種類の魚であっても，すべての個体で全く同じ濃度になるということはありません。魚介類の放射性物質の検査を行う場合は，通常，なるべく複数個体分を１つの検査用試料として平均的な濃度を測定しています。日本では，福島第一原発事故後，複数の検査機関が定期的に国際機関から検査技能の試験を受けており，検査技能について高い評価を受けています。

昔の大気圏内核実験や原発事故などで放出された放射性核種のうち，特に放出量が多く，半減期が比較的長い，放射線の量が減らないような核種については食品への残留とその安全性が心配されます。放射性のヨウ素，セシウム，プルトニウム，ストロンチウムなどの核種がこれに該当します。これらの放射性核種については，国内外で許容できる上限などの基準値が設定されています。

福島第一原発事故以前，一般食品に対する放射性セシウムの基準値を例にとると，欧州連合（EU）では 1,250 Bq/kg，米国では 1,200 Bq/kg と設定されているのに対し，日本では欧米よりも低い 500 Bq/kg が暫定規制値として設定されていました[1)]。また，福島第一原発事故以後，日本では 2012 年４月に，飲料水や食品の安全性に関する基準値が国によって新たに設定されました。事故直後に日本国内の陸地や海域の広範囲に放射性物質が降下したことや，福島第一原発の汚染水が海へ流出するなどして汚染が広がったことを踏まえて，事故前よりも低い値となる 100 Bq/kg と設定されました[1)]。なお，この基準値は，放射性セシウム以外の放射性核種の影響や日本人の平均的な毎日の食生活を考えた設定値となっています。すなわち，仮に 100 Bq/kg の放射性セシウムに汚染された魚介類や野菜類などの食品を1年間食べ続けたとしても，他の放射性核種については放射性セシウムよりも十分に少ないとみなせるため，国際的な食品規格の政府間組織（コーデックス委員会と言います）が定めている「ヒトが1年間に食べた食品から受ける放射線量の限度値」を超えないように余裕を持たせた設定値となっています[2)]。

福島第一原発事故で放出された放射性セシウムのうち，セシウム-134 とセシウム-137 は，特に放出量が多く，半減期が比較的長いため，事故後の検査ではこれらの2核種の測定を行い，合計の測定値を求めます。測定方法については，魚介類の可食部（主に筋肉部）を細かく砕いたものを容器に入れて，主にゲルマニウム半導体検出器と呼ばれるガンマ線の分析機器に容器を入れて測定します。この際，容器に入れる可食部については，複数個体分を慎重に混ぜて均一にし，平均的な値が測定されるように注意を払います。同じ場所，同じ時期に獲られた同一種の魚について，このような試料を複数作製して測定したケースでは，測定値に大きなバラツキは見られていません[3)]。

福島第一原発事故後，日本の魚介類の放射能検査体制について世界からの注目が集まり，世界各国が日本を訪問して検査内容を視察しました。国際原子力機関（IAEA）が日本の検査内容を視察するとともに，日本の複数の検査機関の技能について

放射性セシウムの暫定規制値
（放射性ストロンチウムも加味して設定）

食品群	規制値（Bq/kg）
飲料水	200
牛乳・乳製品	200
野菜類	500
穀類	
肉・卵・魚・その他	

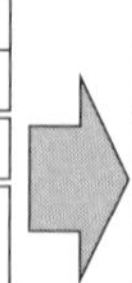

放射性セシウムの新基準値
（放射性ストロンチウム，プルトニウム等も加味して設定）

食品群	規制値（Bq/kg）
飲料水	10
牛乳	50
一般食品	100
乳児用食品	50

図 42-1　日本の食品中の放射性物質に対する暫定規制値と新基準値。新基準値は 2012 年 4 月 1 日より施行。（文献 2 より作成）

定期的に試験を実施しており，日本の検査機関の技能は高い評価を得ています[4]。

参考文献
1）東京大学大学院農学生命科学研究科 食の安全研究センター（2012）：畜産物中の放射性物質の安全性に関する文献調査報告書，60–65.
http://www.frc.a.u-tokyo.ac.jp/pdf/report_all.pdf
2）厚生労働省医薬食品局食品安全部（2020）：食品中の放射性物質の新基準値及び検査について.
https://www.mhlw.go.jp/topics/bukyoku/iyaku/syoku-anzen/iken/dl/120801-1-saitama_2.pdf
3）水産庁ウェブサイト：水産物の放射性物質調査の結果について.
https://www.jfa.maff.go.jp/j/housyanou/kekka.html
4）IAEA Environment Laboratories（2019）：Interlaboratory Comparisons 2014-2016: Determination of Radionuclides in Sea Water, Sediment and Fish.

魚介類の可食部に含まれる放射性セシウム濃度の検査で基準値を超えた魚介類はどうなりますか？

Question 43

Answerer 横田 瑞郎・村上 優雅

基準値を超えた魚については出荷が制限され，市場に出回らないようにしています。また，その後の検査が強化され，原則として1か月間の検査結果がすべて基準値を安定的に下回るまで，出荷制限等の措置は解除されません。

福島第一原発事故によって多くの種類の放射性物質が放出されましたが，その中でも放射性セシウムは，半減期（Q3 参照）が長くて動物の筋肉部に取り込まれやすい性質を持ち，さらに事故による放出量も多かった[1]ことから，食の安全性を確認する上で最も重要な検査対象核種となりました。魚介類を含む一般食品の放射性物質の基準値については，事故後，放射性セシウムに対して100 Bq/kgの基準値が設定されました（Q42 参照）。そこで，基準値を超えた魚介類が消費市場に出回らないように，水揚げされた産地段階での魚介類の放射性セシウム濃度の検査が行われ，基準値を超えた種については，出荷の制限や自粛の措置がとられるようになりました。出荷制限・自粛の流れについてもう少し詳しく説明すると，検査の結果，基準値を超える値が検出された場合には，検出された海域の周辺での調査が強化され，その結果，さらに基準値超えが検出されなければ操業の自粛等を行うこととし，他にも基準値超えが検出されるのであれば出荷制限指示等を行うこととしています。そして，その後の検査によって，原則として1か月以内の検査結果がすべて基準値を安定的に下回った場合，出荷制限等の措置を解除することとしています[2), 3)]。福島県では事故直後から操業を自粛したため，試験操業（Q37 参照）を開始した2012年6月までは，福島県沖の魚介類が市場に出回ることはありません

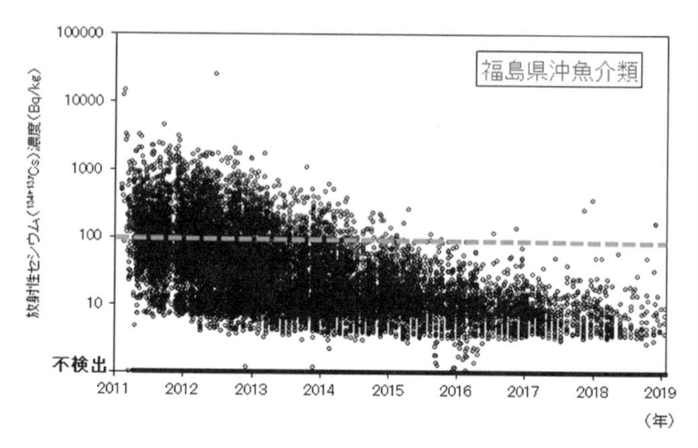

図 43-1　福島県沖魚介類の放射性セシウム（セシウム-137+セシウム-134）濃度の推移（文献 4, 5, 6 より著者作成）

でした[4)]。また，福島近隣県の魚介類についても，東日本大震災の津波被害によって操業できない状況にあった事故当初には，市場に出回ることは実質的にありませんでした。なお，福島県の試験操業では，出荷制限の基準値として自主的に 50 Bq/kg が設定され，国の基準値 100 Bq/kg よりもさらに厳しい値が設定されました。試験操業の開始当初，ごく限られた魚介類のみを対象としていましたが，福島県沖における魚介類の放射性セシウム濃度の着実な低下とともに（**図 43-1**）[4),5),6)] 制限が解除されていき，2020 年 2 月には，すべての魚介類を対象とした操業が行えるようになりました。また，宮城県では出荷制限が続いていたクロダイが 2019 年 3 月に解除され，それ以降，出荷制限の対象種がなくなっています。

ところで，事故後の海の魚介類の放射能検査では，検査した試料数に対してどのくらいの試料数が基準値を超えたのでしょうか。水産庁ホームページで公表されているデータ[5)] を集計すると，福島県沖では，事故直後の 2011 年度には約 30％でしたが，2015 年度に 1 %未満となり，それ以降は 2018 年度の 1 試料のみとなりました（**図 23-1**）。また，福島県沖を除く海域では事故直後の 2011 年度には約 2 %でしたが，2014 年度には 1 %未満，それ以降は 0 %となりました。このように，事故後に基準値を超えた海の魚介類は，事故後数年で急速に少なくなり，事故後 4 年目以降，ほとんど検出されなくなりました。

参考文献
1) 原子力安全・保安院（2011）：東京電力株式会社福島第一原子力発電所の事故に係る 1 号機，2 号機及び 3 号機の炉心の状態に関する評価のクロスチェック解析.
https://www.kantei.go.jp/jp/topics/2011/pdf/app-chap04-2.pdf
2) 水産庁ウェブサイト：東日本太平洋における水産物の出荷制限操業自粛等の状況について.
https://www.jfa.maff.go.jp/j/kakou/hyouzi/kisei_kekka.html（2020 年閲覧，現在はアクセス不能）
3) 原子力災害対策本部（2020）：検査計画，出荷制限等の品目・区域の設定・解除の考え方.
https://www.mhlw.go.jp/stf/newpage_38922.html
4) 福島県漁業協同組合連合会ウェブサイト：福島県における試験操業の取組.
http://www.fsgyoren.jf-net.ne.jp/siso/sisotop.html（2024 年 6 月 19 日閲覧）
5) 水産庁ウェブサイト：水産物の放射性物質調査の結果について.
https://www.jfa.maff.go.jp/j/housyanou/kekka.html（2024 年 6 月 12 日閲覧）
6) 東京電力ホールディングスウェブサイト：魚介類の分析結果，福島第一原子力発電所 20km 圏内海域.
https://www.tepco.co.jp/decommission/data/analysis/（2024 年 6 月 19 日閲覧）

東日本各地で獲れた水産物の放射性物質の検査結果は公開されていますか？

Question 44

Answerer 山田　裕・村上 優雅

福島県を中心とした東日本の都道県では，個々に行っている検査の結果を各都道県のホームページで公開しています。水産庁では，関係する都道県や漁業団体で行った水産物のモニタリング検査の結果を取りまとめて，ホームページ上で公開しています。また，国内外の人たちに向けて，我が国水産物の放射性物質のモニタリング検査に関する理解を深めていただくために，日本語や外国語のパンフレットを作り，広く情報を発信しています。

福島第一原発の事故後，水産物を含めた食品の安全性を確保するため，福島県を中心とした東日本の関係する都道県や漁業団体では，水産物中に含まれる放射性物質のモニタリング検査を現在でも継続して行っています。それら検査の結果は，各都道県や漁業団体のホームページで公開され，日々更新されています。

水産庁では，関係する都道県や漁業団体で行ったモニタリング検査の結果を集積し，取りまとめて，ホームページ上で公開しています。また，集積された検査結果をもとに，水産物の放射性物質のモニタリング検査に関するパンフレットを作成しています。パンフレットは日本語のみならず，英語や中国語，韓国語，タイ語の外国語版も作られ，国内外の多くの人たちに向けて，我が国のモニタリング検査への取り組みや結果について理解を深めていただくよう，広く情報を発信しています。

また，福島県漁業協同組合連合会が中心となって行っている試験操業についても，水揚げされた水産物が出荷される際の安全確認検査（スクリーニング検査）の結果が福島県漁業組合連合会のホームページで公開され，随時更新されています。

さらに，東京電力ホールディングスでも，福島第一原子力発電所の港湾内と発電所から半径 20 km の範囲の決められた場所で採取した魚介類について，放射性物質のモニタリング検査を行っており，その検査結果をすべて東京電力ホールディングスのホームページ上で毎月公開しています。

これらの検査結果が公開されている主なホームページは，以下のとおりです。

○福島県農林水産物・加工食品モニタリング情報（福島県農林水産部農産物流通課）
https://www.new-fukushima.jp/top

○水産物の放射性物質調査の結果について（水産庁）
https://www.jfa.maff.go.jp/j/housyanou/kekka.html

○安心して魚を食べ続けるために知ってほしい放射性物質検査の話（パンフレット）
日本語版
https://www.jfa.maff.go.jp/j/koho/saigai/attach/pdf/index-13.pdf
英語版
https://www.jfa.maff.go.jp/j/koho/saigai/attach/pdf/index-8.pdf
上記以外の外国語版パンフレットも，下の URL に掲載されています。
https://www.jfa.maff.go.jp/j/koho/saigai/index.html

○福島県における試験操業の取組（福島県漁業協同組合連合会）
http://www.fsgyoren.jf-net.ne.jp/siso/sisotop.html

○福島第一原子力発電所周辺の放射性物質の分析結果（東京電力ホールディングス株式会社）

https://www.tepco.co.jp/decommission/data/analysis/

※上記に示したURLは，サイト運営者により変更されることがあります。

2011年の事故直後に比べて現在の数値はどうなっていますか？今後の見通しはどうですか？

Question 45

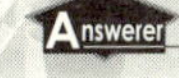

及川 真司・横田 瑞郎
眞道 幸司

十数年の時間の経過とともに，福島第一原発事故に由来する放射性核種の海洋環境中での濃度は低下していきました。それに連動して，魚介類中の放射性核種の濃度も低下し，多くの魚介類が事故前の濃度レベルに回復しています。一方で，福島第一原子力発電所の廃炉作業は今後30年程度をかけて段階的に進められます。処理水の海洋放出，残された核燃料や溶け落ちた燃料デブリの取り出しが周辺環境に影響が出ないように気を付けながら行われようとしています[1)]。

福島第一原発事故の直後，国の主導により陸，海，空での放射能調査が開始されました。特に海域では，2011年3月21日に海に面した発電所南側放水口の沖約330 m付近の海水から通常時には見出されることのないセシウム-134などの人工放射性核種が多数検出されました[2)]。翌3月22日には文部科学省より「海域モニタリング行動計画」が発表され，事故に対して海域放射能調査を実施する計画が発表されました。この計画に従い，3月23日には海洋研究開発機構の海洋調査船が原発沖合で海洋放射能調査を開始し，ヨウ素-131，セシウム-134，セシウム-137の測定結果を即日公表しました[3)]。このように日本では事故後早急に海洋放射能調査を計画，実行したことにより，事故直後の放射能濃度の値やその後の推移を的確に把握することができました。その後，政府内に設置された「モニタリング調整会議」が事故に対する環境放射能調査を統括して進め，現在に至っています[4)]。

これまでの調査結果によると，福島県沖の表層海水に含まれるヨウ素-131は半減期が約8日と短いために，事故後数か月

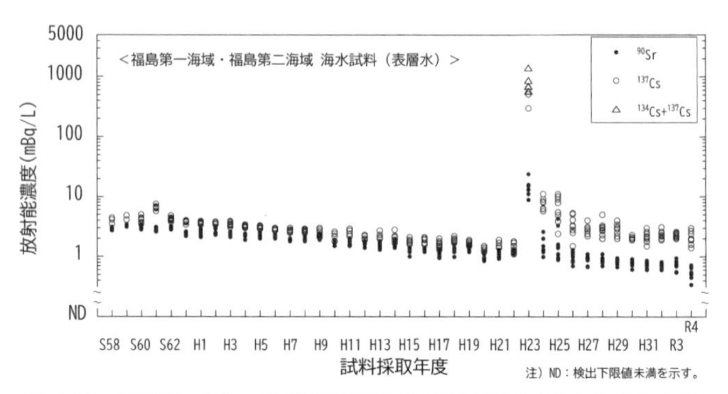

図 45-1　福島第一原子力発電所周辺海域における海水中のセシウム-137（^{137}Cs：○）とストロンチウム-90（^{90}Sr：●）の濃度の経年変化（文献 5 より著者作成）

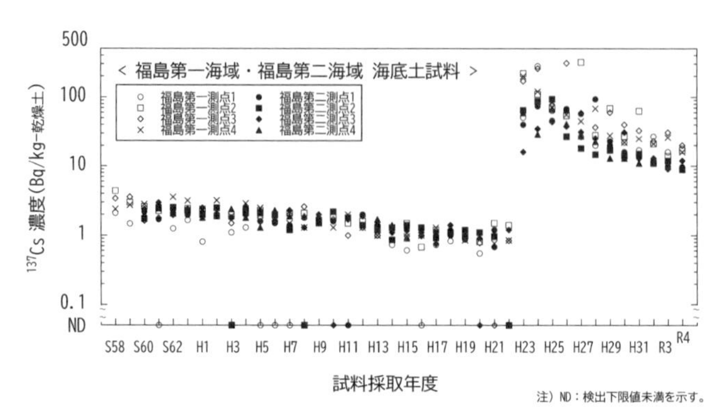

図 45-2　福島第一原子力発電所，福島第二原子力発電所の沖合 30 km の 8 測点における海底土のセシウム-137 濃度の経年変化（文献 5 より著者作成）

で見出すことがなくなりました。一方，半減期約 30 年のセシウム-137 は，2011 年 4 月に事故前と比較して一時的に 5 桁程度高い海水中濃度となり，ストロンチウム-90 も 10 倍程度高いレベルになりましたが，海流による拡散や海底土への堆積により濃度が低くなり，2020 年以降には事故前のレベルに近づいています（**図 45-1**）[5]。海底土に含まれる放射性セシウムも事故から概ね９年が経過した時点で，５分の１程度の濃度まで減少していました（**図 45-2**）[5]。また，福島県周辺の魚介類が生息している海域の海水や海底土の放射性セシウム濃度の低下に対応して，東日本太平洋で水揚げされた魚介類における放射性セシウム濃度は 2020 年にすべての検体が安全の基準値以下となっただけでなく，その測定値が基準値の 10 分の１以下と大きく下回り[5]，事故前の濃度レベルに戻りつつあります。

このように，東日本大震災に伴う福島第一原発事故により放出された放射性物質による影響から回復してきましたが，福島第一原子力発電所の廃炉措置完了までの作業は今後 30 年程度をかけて段階的に進められます。2023 年８月には処理水の海洋放出が開始されましたが，放出口の近くを除き，周辺の海域が自然界にあるトリチウム濃度（１リットル当たり 0.1〜１ベクレル程度）に薄まるように調節して放出されます（**Q34** 参照）。

また，残された核燃料や溶け落ちた燃料デブリの取り出しも周辺環境に影響が出ないように気を付けながら行うことができれば，これ以上の汚染水の発生を止め，福島第一原子力発電所から10 km圏内の海水に含まれるセシウム-137濃度（**口絵 8**）を減少させることが期待されます。

参考文献

1) 原子力安全・保安院（2011）: 東京電力株式会社福島第一原子力発電所の事故に係る１号機，２号機及び３号機の炉心の状態に関する評価のクロスチェック解析.
https://www.kantei.go.jp/jp/topics/2011/pdf/app-chap04-2.pdf
2) Oikawa, S., Tanaka, H., Watanabe, T., Misonoo, J., Kusakabe, M.（2013）: *Biogeosciences*, 10, 5031–5047.
3) 原子力規制委員会ウェブサイト: 海水及び海上のモニタリング結果.
https://radioactivity.nsr.go.jp/ja/list/273/list-1.html（2020年閲覧，現在はアクセス不能）
4) 文部科学省ウェブサイト: モニタリング調整会議，議事要旨・議事録・配付資料.
https://www.mext.go.jp/b_menu/shingi/chousa/gijyutu/018/giji_list/index.htm（2020年閲覧，現在はアクセス不能）
5) 原子力規制委員会ウェブサイト: 令和４年度原子力施設等防災対策等委託費（海洋環境における放射能調査及び総合評価）事業 調査報告書.
https://www.nra.go.jp/activity/monitoring/kaiyokankyo.html
（2023年７月20日ダウンロード）

海域によって魚介類に含まれる放射性物質の量は違いますか？海外に比べて日本の沿岸では高いのですか？

Question 46

Answerer 横田 瑞郎・神林 翔太

国内海域でも海外でも魚介類に取り込まれる放射性物質の種類や量は，魚介類の生活様式の違いなどの影響が大きく，国内の魚介類が特に高いというようなことは言えません。ただし，原発事故などが起こって放射性物質が放出された場合，放射性物質の広がり方や魚介類の移動能力によって，魚介類の放射能濃度に国内海域と海外で違いが出てくることもあります。

魚の安全性を確認する上で最も重要な（Q43 参照）放射性セシウムを例に説明します。放射性セシウムについては「食う−食われるの関係」の上位の生物ほど濃度の高い傾向が見られ（Q19, 20 参照），これは海外でも同じ傾向です[1),2),3)]。しかし，原発事故などによって放射性セシウムが放出された場合には，放出後の海への広がり方や放射性セシウムを取り込んだ魚介類の移動などの要因で海域の差が生じることが想定されます。この点について，過去に起こったチョルノービリ原発事故の例を説明します。ウクライナ（旧ソビエト連邦）のチョルノービリ原発で 1986 年に起こった事故では，発電所が内陸に立地されていたため，発電所の周辺地域や近隣国の淡水の魚介類に大きな影響を与えましたが，海の魚介類についても影響が見られています。チョルノービリ原発から 1,000 km ほど離れた北ヨーロッパのバルト海の魚介類から，事故後 10 年までの期間，チョルノービリ原発事故の影響による 30〜100 Bq/kg の放射性セシウムが検出されています[4)]。これだけ離れた場所でも，日本の基準値に相当する濃度で検出されています。さらにチョルノービリから 8,000 km 程度離れた日本の海の魚介類では，チョルノービリ原発事故後， 1 Bq/kg 未満の極めて低い濃度ですが，事故前と比べて濃度が上昇し，事故で放出されたと見られる放射性セシウムが検出されています[5]。また，福島第一原発事故直後には，日本から8,000 km程度離れたアメリカのカリフォルニアの海域で獲られた魚から，福島第一原発事故によって放出されたと見られる放射性セシウムが検出されています[6]。このように，海外で放出された放射性物質が原因で国内の魚介類の濃度が高くなるケースや，逆に国内で放出された放射性物質が原因で海外の魚介類の濃度が高くなるケースもあります。また，魚介類の中でも広範囲を移動する回遊性のマグロ類や一部のサメなどについては，国内の海で放射性セシウムを取り込んだ個体が海外の海に移動した場合，海外で高い濃度で検出される可能性があり，逆に海外の海で放射性セシウムを取り込んだ個体が国内の海に移動した場合，国内の海で高い濃度で検出される可能性もあります。国内の海では，福島第一原発事故後にそのようなケースが見られました。事故後，事故地点から500 km以上離れて事故の影響をほとんど受けていなかった海域において，マダラだけが事故前よりも高い濃度で検出されるようになり，中には基準値の100 Bq/kgを超えた放射性セシウムが検出されるケースもありました[7]。マダラは，事故前までは広範囲の移動をあまり行わないと考えられていたので，原因の解明が急務となりました。標識放流などを行って移動範囲が調べられた結果，事故地点から移動したことが原因である可能性の高いことがわかりました[8]。事故前に考えられていた以上に移動する魚であることが初めてわかり，放射性セシウムの取り込みが結果的にその魚種の移動性を解明する役割を果たしたと言えます。

参考文献
1) 笠松不二男（1999）: *RADIOISOTOPES*, 48, 266–282.
2) Kim, S.H., Lee, H., Lee, S.H., Kim, I.（2019）: *Mar. Pollut. Bull.*, 146, 521–531.
3) IAEA（2004）: Sediment Distribution Coefficients and Concentration Factors for Biota in the Marine Environment, 422, 26–72.
4) IAEA（2006）: Environmental Consequences of the Chernobyl Accident and their Remediation: Twenty Years of Experience.
5) 公益財団法人海洋生物環境研究所（2020）: 漁場を見守る 海洋環境における放射能調査及び総合評価事業 海洋放射能調査（平成 31（令和元）年度）.
6) Madigan, D.J., Baumann, Z., Fisher, N.S.（2012）: *PNAS*, 109, 9483–9486.
7) 横田瑞郎，渡邉剛幸，野村浩貴，秋本 泰，恩地啓実（2015）: 海洋生物環境研究所研究報告, 21, 33–67.
8) 栗田 豊（2013）: 独立行政法人水産総合研究センター第 10 回成果発表会講演要旨，7–8.

水産物など食品に含まれる放射性物質の基準値はどのような考え方で設定されていますか？

Question 47

Answerer 横田 瑞郎・眞道 幸司

人体内に放射性核種が取り込まれる場合，人間に及ぼす影響や移行しやすい場所は，放射性核種によって異なることが知られています。そこで，食品や飲料水に含まれる放射性核種について，体内で受ける放射線が一定量以上にならないように基準値が設定されます。

ここでは，大気圏内核実験や原発事故などで放出される人工的な放射性核種の影響について説明します。核実験や原発事故によって放出される放射性核種のうち，ヨウ素-131，ストロンチウム-90，セシウム-134，セシウム-137，プルトニウム-239が食品や飲料水に含まれていると，人間への影響が懸念されます。それらの放射性核種が体内に入ったときに移行する主な場所として，ヨウ素-131では甲状腺，ストロンチウム-90では骨，セシウム-134とセシウム-137では筋肉，プルトニウム-239では肺や肝臓であることがわかっています[1)]。また，人体内に取り込まれた放射性核種が尿や便として排出され，半分になる期間は，ヨウ素-131とセシウム-134，セシウム-137では数十日間程度と比較的短期間ですが，ストロンチウム-90とプルトニウム-239は数十年程度と長期間に及ぶことが報告されています（**表47-1**）[2)]。日本や海外では，こうした報告に基づいて，食品や飲料水に含まれる放射性核種に対して，人間が体内で受ける放射線が一定量以上にならず，人体に影響を及ぼさないように基準値が設定されます[3)]。なお，食文化や生活習慣など，それぞれの国の状況も基準値の設定に加味されています。

日本では福島第一原発事故を受けて，一般食品中の基準値を

表 47-1　食品や飲料水に含まれる放射性核種の移行と排出

放射性核種	移行しやすい部位	排出にかかる時間
ヨウ素-131	甲状腺	半減に数十日程度
ストロンチウム-90	骨	半減に数十年程度
セシウム-134 セシウム-137	筋肉	半減に数十日程度
プルトニウム-239	肺や肝臓	半減に数十年程度

100 Bq/kg に設定しましたが，これは 1 年間に食品中の放射性核種から受ける放射線量が 1 ミリシーベルト（mSv）を超えないようにとの考え方に基づいて設定されました[4]。なお，この 1 mSv は，人間が食べた食品中の放射性核種から 1 年間に受ける放射線量の許容限度として，国際機関の国際食品規格委員会（コーデックス委員会）が推奨していている値です。また，この基準値 100 Bq/kg は，放射性セシウムに対して設定した値ですが，放射性セシウム以外の放射性核種の影響や日本人の平均的な毎日の食生活も加味して設定された値となっています（Q43 参照）。

2020 年 10 月時点で，日本の海の魚介類から基準値を超える放射性セシウム濃度は検出されなくなりましたが，年間 1 万を超える数の魚介類の放射能検査が継続して実施されています[5]。さらに，魚介類の放射能検査は海から水揚げされた段階だけでなく，大手スーパーマーケットチェーンや生活協同組合など消費市場の段階でも行われています。このように，日本では福島第一原発事故後，一般消費者に安心して魚介類を食べてもらえるように，食品としての魚介類の安全性を確認する厳しい放射能検査が継続して実施されています。

参考文献

1) 環境省ウェブサイト: 放射線による健康影響等に関する統一的な基礎資料（平成 27 年度版），第 2 章 放射線による被ばく，2.1 被ばくの経路，内部被ばくと放射性物質.
https://www.env.go.jp/chemi/rhm/h27kisoshiryo.html
2) 環境省ウェブサイト: Q&A（平成 30 年度版），第 2 章 放射線による被ばく，QA2–4.
https://www.env.go.jp/chemi/rhm/h30kisoshiryo/h30qa-02index.html
3) 東京大学大学院農学生命科学研究科 食の安全研究センター（2012）: 畜産物中の放射性物質の安全性に関する文献調査報告書，60–65.
http://www.frc.a.u-tokyo.ac.jp/pdf/report_all.pdf
4) 厚生労働省医薬食品局食品安全部（2020）: 食品中の放射性物質の新基準値及び検査について.
https://www.mhlw.go.jp/topics/bukyoku/iyaku/syoku-anzen/iken/dl/120801-1-saitama_2.pdf
5) 水産庁ウェブサイト: 水産物の放射性物質調査の結果について.
https://www.jfa.maff.go.jp/j/housyanou/kekka.html

茹でたり洗ったりすれば，魚介類に含まれる放射性物質は除去できますか？　長時間茹でれば大丈夫ですか？

Question 48

Answerer　石田 保生・稲富 直彦

食物の表面に付着している放射性物質は，洗い流すことによってある程度を除去することできますが，魚介類の体内に取り込まれた放射性物質を洗うだけでは除去できません。また，魚介類を茹でることによって体内の放射性物質を低減することができますが，味を大きく変えることになってしまいます。

検査によって安全性を確認している（Q41 参照）ので，現在流通している魚介類は「特別な処理をしなくても安全」と言って良いのではないでしょうか。

調理法による魚介類中の放射性核種濃度の低減効果として，①皮をむき表面に付着した放射性核種が除去される，②捌いて頭部や内臓を取り除くことにより，そこに含まれる放射性核種が除去される，③茹でることにより細胞が壊れ，細胞内に取り込まれていた放射性核種が茹で湯に出ていくこと，④漬け込みなどによって，細胞内の体液とともに放射性核種を含まない漬け汁と交換されて薄まる，などの効果が考えられます。茹で時間や漬け込み時間が長くなると，それに応じて低減率は多少上昇しますが，完全に除去することは不可能なようです。実際に魚介類を調理することでどの程度の放射性セシウムが減少するかが報告されています（**表 48-1**）[1]。ワカサギを南蛮漬けにすると，体内にあった放射性セシウムが 22 ～ 32％除去されたと報告されています[2]。

現在，食品としての魚介類には生鮮物で 100 Bq/kg という基準値が定められており，それを超えた魚介類は出荷が停止され，ほぼ流通することはありません（Q43 参照）。**図 48-1** は海水魚と淡水魚の検査結果について，基準値（100 Bq/kg）

表 48-1　食品の調理・加工による放射性セシウムの除去率[1]

品　目	調理・加工法	除去率（%）
葉菜（ほうれん草等）	水洗い-ゆでる	7 ～ 78
たけのこ	ゆでる	26 ～ 36
大根	皮むき	24 ～ 46
なめこ（生）	ゆでる	26 ～ 45
果物（葡萄，柿等）	皮むき	11 ～ 60
栗	ゆでる—渋皮まで皮むき	11 ～ 34
梅	塩漬け	34 ～ 43
桜葉	塩漬け	78 ～ 87
魚	ワカサギの南蛮漬け	22 ～ 32

●野生のものは大量に食べない

$$\text{除去率（\%）} = \left(1 - \frac{\text{調理・加工後の食品（調理・加工品）中の放射能総量（}Bq\text{）}}{\text{材料中の放射能総量（}Bq\text{）}}\right) \times 100$$

出典：原子力環境整備促進・資金管理センター「環境パラメータ・シリーズ 4 増補版（2013 年）食品の調理・加工による放射性核種の除去率—我が国の放射性セシウムの除去率データを中心に—」平成 25 年 9 月より作成

を超えた割合を示してます。時間の経過とともに基準値を超過する割合は急速に下がっています。

以上から，調理や加工よる放射性核種の除去効果はそれほど期待できないことがわかります。その上，放射性核種の除去に主眼を置くと，本来の味と栄養が台無しになってしまうかもしれません。流通している安心な材料を用いて，通常の料理法でおいしく食べることがお勧めです。

（補足）

海や川で自分が採取した魚介類を食べることは自己責任になります（Q39 参照）。著者の私感になりますが，水産物の検査結果を見る限り，海の魚や，遊漁を認めている自治体の淡水域で漁獲した魚介類は心配なさそうですね[4]。

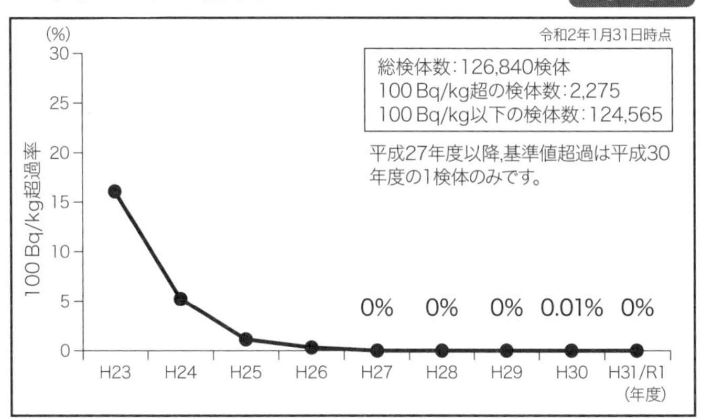

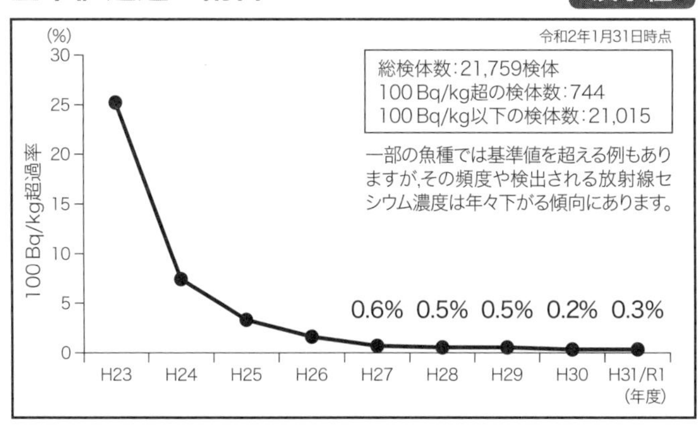

図 48-1 水産物の放射能調査結果における基準値（100 Bq/kg）を超えた検体の割合の経年変化（文献 3 より作成）

48 茹でたり洗ったりすれば，魚介類に含まれる放射性物質は除去できますか？長時間茹でれば大丈夫ですか？

参考文献

1) 公益財団法人原子力環境整備促進・資金管理センター（2013）：環境パラメータシリーズ４増補版（2013年），食品の調理・加工による放射性物質の除去率.
https://www.rwmc.or.jp/library/file/RWMC-TRJ-13001-1_zyokyoritu_gaiyou.pdf
2) 鍋師裕美，堤 智昭，蜂須賀暁子，松田りえ子（2013）：食品衛生学雑誌，54，303–308.
3) 水産庁ウェブサイト：安心して魚を食べ続けるために知ってほしい放射性物質検査の話.
https://www.jfa.maff.go.jp/j/koho/saigai/attach/pdf/index-13.pdf

家庭レベルで魚介類に放射性物質が含まれているかを調べることはできますか？

Question 49

Answerer 山田 正俊・眞道 幸司

家庭のレベルで食品に含まれる放射性核種の存在やその量を正しく調べることは困難です。放射線量や放射能の測定は，正確さが確認された計測機器を用い，適切な測定方法で行う必要があります。

線量計，ガイガーカウンター，放射線測定器，サーベイメーターなどの名称で一般向けに市販されているものを見かけるようになりました。しかし，これらの機器は，空間や表面における比較的高い放射線量率を測定する目的で作られ，販売されているものがほとんどです。放射線を発するものがそこにあるのか，線量の総量がどこかと比較して高いか低いか，放射線量率は合計でおよそどのくらいかを確かめることはできますが，表示される単位は「シーベルト」であり，食品の安全性を調べる際のものさしになる「ベクレル」に換算することは簡単ではありません。また，天然に存在する放射性核種から発する放射線と事故に由来する放射性核種から発する放射線を区別することができませんので，食品に含まれる放射性核種のうち，事故に由来するものだけを分けて判断することも簡単ではありません。さらに，計測機器は出荷時や購入後1年に一回程度，装置の点検と測定時に表示される数値が正しい値かを定期的に検査する（校正と言います）必要がありますが，一般向けに市販される安価な計測機器の多くは計測した指示値が正確なのか確かめられていないものが多く見受けられ，安価な市販品では低い濃度を検出できないかもしれません。

食品に含まれる放射性核種の濃度を調べるのには，国が適切で正確であると認めている測定方法を用います[1)]。調べたい食

(1) ガイガーミュラー計数管式サーベイメーター
放射線が原子を電離させる性質を利用して，生じるわずかな電位差を計測できるガイガーミュラー（GM）計数管を検出部に持ち，cpm（シーピーエム：1分間に計測された放射線の数）を単位に放射線の数を計測できる。ガンマ線だけでなくベータ線を検出できるものもある。
（富士電機社製 GM 管式表面汚染測定用サーベイメーター NHJ120）

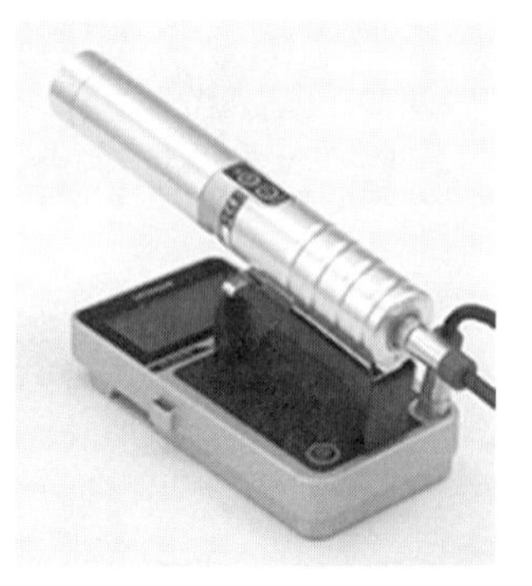

(2) シンチレーション式サーベイメーター
放射線が入射するとシンチレータは微少な光を出す性質を利用して，検出部にタリウム活性化ヨウ化ナトリウムやヨウ化セシウムシンチレータを持つものでガンマ線やエックス線が，プラスチック樹脂製のシンチレータを持つものでベータ線が，ZnS(Ag)シンチレータを持つものでアルファ線が，それぞれ線量率（例えば，1時間当たりのマイクロシーベルト単位）で測定できる。
（日立製作所製 NaI（Tl）シンチレータ式ガンマ線用サーベイメータ TCS-1172）

図 49-1　放射線測定サーベイメーターの市販品の一例

品を決まった量で計り取って細かく刻み，計測容器へ隙間なくつめて，正しく校正されたゲルマニウム半導体検出器に容器を入れて，食品に含まれる放射性核種が出す決まったエネルギーのわずかなガンマ線の数量を計測することで，正確に放射性核種の濃度がわかります（Q42 参照）。

農林水産省や水産庁，都道府県のホームページには，信頼性の高い測定機器を用いて適切な方法で正しく分析された結果が公表されていますので，魚の名前や産地を手掛かりに，公的機関の分析結果を調べ，正確な情報に基づいて判断してくださることを望みます。

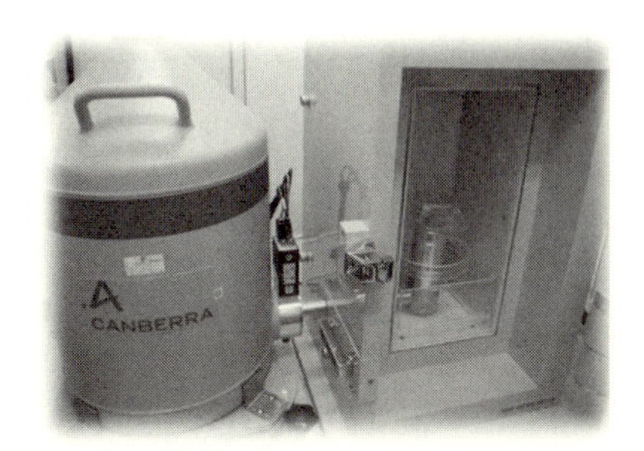

図 49-2　ゲルマニウム半導体検出器
右側の遮蔽体の中に試料を入れて，ガンマ線を計測する。

表 49-1　水産庁や原子力規制庁，都道府県のモニタリング結果掲載ホームページのアドレス一覧

水産庁
東京電力福島第一原子力発電所事故による水産物への影響と対応について https://www.jfa.maff.go.jp/j/koho/saigai/index.html
環境省
東日本大震災の被災地における放射性物質関連の環境モニタリング調査：公共用水域 https://www.env.go.jp/jishin/monitoring/results_r-pw.html
原子力規制庁
1）　放射線モニタリング情報　モニタリング結果 https://radioactivity.nsr.go.jp/ja
2）　環境放射線データベース：関係省庁，47 都道府県等の協力を得て実施した，環境における放射能水準の過去の約 300 万件の調査結果を収録したもの https://www.kankyo-hoshano.go.jp/database/
福島県
福島県の水産物の緊急時モニタリング検査結果について https://www.pref.fukushima.lg.jp/site/portal/ps-suisanka-monita-top.html
東京電力
福島第一原子力発電所周辺の放射性物質の分析結果 https://www.tepco.co.jp/decommission/data/analysis/

海洋生物環境研究所
水産庁「放射性物質影響調査推進委託事業」の内，水産関係団体で実施した調査結果 https://www.kaiseiken.or.jp/radionuclide/index.html
国際原子力機関（IAEA）
The IAEA Marine Radioactivity Information System（MARIS データベース）：世界規模の海水，海底土，生物，懸濁粒子中の放射能濃度の分析結果データベース https://maris.iaea.org/home

参考文献

1) 経済産業省ウェブサイト：放射能測定器及び放射線測定器等の校正，1．正確な測定に関する我が国の取組み．https://www.meti.go.jp/policy/economy/hyojun/techno_infra/sokuteikikousei.html（2019 年 9 月 11 日ダウンロード）

私たち市民にできることは何ですか？

Question 50

Answerer 日下部正志・眞道 幸司

放射線とその影響について正しく知り，正しく怖がることです。

既に本書で述べられているように，自然界には厳密に言えばすべての物質に放射性物質が含まれています。そのため，私たちは絶えず放射線に晒されています。同時に放射性物質を体内にも取り込んでいます。人類はそのような生活を地球上に誕生以来送ってきたのです。しかし，大量の放射線は人間の身体に極めて重篤な被害をもたらことも事実です。同時に，大量でもきちんと科学的に制御された施設で使用すれば，放射線はがんを治すこともできます。さらに，非破壊検査，滅菌・殺菌，工業製品製造などにも利用されています。ただいたずらに放射能が怖いと言っていては，真っ当な生活が成り立ちません。高名な物理学者の寺田寅彦は言いました：「正しく怖がる」。これは放射線について言及したものではありませんが，ここでも十分使える言葉です。すなわち，正しい知識を持って放射能と向き合い，正しく怖がるのです。

1980 年代以降，中学校や高校の教科書から放射線に関する説明が消え，多くの人々は一度も放射線に関する知識を学ぶ機会が得られないまま，社会の一員として生きてこられたかもしれません。しかし，2011 年３月の福島第一原発事故が起きてしまい，放射能の影響が自分たちの生活に深く関わり，不便や不安を及ぼすようになりました。放射線への懸念や関心があっても，不安の源に対する正しい知識が不足しており，インターネット上や伝聞の不確かな情報やデマに振り回されることもあったようです。漁業者や流通業者の皆さんは，ご自身が漁獲・販売する水産物の検査体制を整え，基準値以下で安全と判断される魚介類だけが流通するように努力してきました。しかし，不確かな情報やデマによる風評，事故前の状況に回復している事実を知らない消費者の皆さんの不買に心を痛めています。

2012 年度から中学３年生を対象に，理科の授業内容にある「エネルギー資源」の項目の中で「放射線の性質と利用」を学ぶことが定められました[1)]。また，厚生労働省，農林水産省，環境省，水産庁，原子力規制庁，都道府県のホームページ（**表 49-1** 参照）では，信頼度が高い環境モニタリングの結果が報告されています。新聞などの報道で，最近の放射能汚染からの回復状況も見聞きすることができます。

放射線に関する知識を学び，正しい知識や情報を得る方法を知り，デマや風評に惑わされず，正しい知識と情報に基づいて自分自身の考えを持ち，正しく知り，正しく怖がることが，水産物や食品への影響からの回復，そして，海の生き物のために皆さんにできることだと考えます。

参考文献
1) 文部科学省（2017）：中学校学習指導要領（平成 29 年告示）解説【理科編】
https://www.mext.go.jp/component/a_menu/education/micro_detail/__icsFiles/afieldfile/2019/03/18/1387018_005.pdf（2020 年 9 月 22 日ダウンロード）

あとがき

本書では，海洋における放射線や放射能について，皆さんが疑問に思っていることを取り上げ，できるだけわかりやすい解説になるよう努力しました。しかし，皆さんが知りたい疑問のすべてにお答えすることができませんでした。

例えば，

「放射性物質によって魚介類の遺伝子は変化しますか？ 子孫に奇形は増えますか？」

「放射性物質によって魚介類の寿命は変化しますか？」

「放射性物質を取り込んだ魚介類から生まれた子は，生まれながらに放射性物質を持っていますか？」

といった疑問に，誤解なく正しい説明をすることができません。

なぜなら，放射線を出す放射性物質や放射能はウイルスのように感染することはありませんが，放射線を受けた海の生き物の寿命はどのくらい変化するのか，親が放射線から受けた遺伝子や卵・精子への影響はどのくらいで，子孫の奇形が増えるのか，などについて科学的なデータや知見が多くはなく，実験をして確かめることも簡単ではないからです。科学の進歩によって，これらの疑問が解き明かされていく時が訪れることを願っています。

そして，本書が海洋における放射線や放射能に対する皆さんの興味や関心をかきたてるきっかけになり，疑問や不安を少しでも解消する手助けになれば，光栄です。

著者一同を代表して
編者

謝　辞

本書で紹介した海洋放射能に関する調査結果は，海洋生物環境研究所が原子力規制委員会原子力規制庁から受託した「原子力施設等防災対策等委託費（海洋環境における放射能調査及び総合評価）事業」，「原子力施設等防災対策等委託費及び放射性物質測定調査委託費（総合モニタリング計画に基づく放射能調査）事業」および水産庁から受託した「放射性物質影響調査推進事業のうち水産物中の放射性物質の影響調査業務」の成果を用いています。本書の出版や図表の転載に許可をいただき，関係の皆様方に，深く感謝申し上げます。

また，国内外での放射性物質の安全性や基準値の設定に関する的確なご指摘をいただいた，独立行政法人放射線医学総合研究所名誉研究員　稲葉次郎 博士に感謝申し上げます。

また，執筆にとりかかってから完成まで３年もの時間が経過してしまいました。その間，忍耐強く執筆に寄り添っていただいいた成山堂書店の小野哲史氏に心からお礼を申し上げます。

索 引

〔欧文〕

〔あ行〕

〔か行〕

〔さ行〕

〔た行〕

〔な行〕

〔は行〕

〔ま行〕

〔や行〕

〔ら行〕

執筆者等略歴 （五十音順）

池上　隆仁（いけのうえ　たかひと）
九州大学大学院理学府地球惑星科学専攻博士課程修了 博士（理学）
公益財団法人海洋生物環境研究所 事務局研究企画調査グループ研究員（執筆当時）
国立研究開発法人海洋研究開発機構 地球環境部門海洋生物環境影響研究センター 副主任研究員

石田　保生（いしだ　やすお）
公益財団法人海洋生物環境研究所　中央研究所 海洋環境グループ主幹研究員（執筆当時）
株式会社 KANSO テクノス 計測分析所 安全品質グループ マネージャー

稲富　直彦（いなとみ　なおひこ）
東海大学大学院海洋科学研究科 博士前期課程修了 理学修士
公益財団法人海洋生物環境研究所　中央研究所 海洋環境グループ主幹研究員

及川　真司（おいかわ　しんじ）
金沢大学大学院自然科学研究科物質科学専攻 博士後期課程修了 博士（理学）
公益財団法人海洋生物環境研究所　中央研究所 海洋環境グループマネージャー（執筆当時）

神林　翔太（かんばやし　しょうた）
富山大学大学院理工学教育部地球生命環境科学専攻修了 博士（理学）
公益財団法人海洋生物環境研究所　中央研究所 海洋環境グループ研究員

日下部　正志（くさかべ　まさし）
北海道大学大学院水産学研究科博士課程単位取得退学 水産学博士
独立行政法人放射線医学総合研究所 放射線防護研究センター
公益財団法人海洋生物環境研究所 フェロー

工藤　なつみ（くどう　なつみ）
茨城大学大学院理工学研究科 応用粒子線科学専攻修了 修士（理学）
公益財団法人海洋生物環境研究所　中央研究所 海洋環境グループ研究員（執筆当時）
公益財団法人日本分析センター 分析部

小林　創　（こばやし　はじめ）
日本大学農獣医学部水産学科卒業
公益財団法人海洋生物環境研究所　中央研究所 海洋環境グループ主任研究員

島袋　舞　（しまぶくろ　まい）
琉球大学理学部卒業
公益財団法人海洋生物環境研究所　中央研究所 海洋環境グループ研究員（執筆当時）

城谷　勇陛（しろたに　ゆうへい）
金沢大学大学院自然科学研究科 物質化学専攻 博士前期課程修了 修士（理学）
公益財団法人海洋生物環境研究所　中央研究所 海洋環境グループ研究員

眞道　幸司（しんどう　こうじ）
東京水産大学大学院海洋生産学専攻 博士後期課程修了 博士（水産学）
公益財団法人海洋生物環境研究所　中央研究所 海洋環境グループ 主幹研究員（執筆当時）
公益財団法人海洋生物環境研究所　事務局 研究企画調査グループマネージャー

土田　修二（つちだ　しゅうじ）
公益財団法人海洋生物環境研究所　中央研究所 研究参与（執筆当時）

道津　光生（どうつ　こうせい）
公益財団法人海洋生物環境研究所　中央研究所 研究参与（執筆当時）

馬場　将輔（ばば　まさすけ）
北海道大学大学院水産学研究科 博士課程修了 水産学博士
公益財団法人海洋生物環境研究所　中央研究所 研究参与（執筆当時）

堀田　公明（ほった　こうめい）
北海道大学大学院水産学研究科 博士後期課程修了 博士（水産学）
公益財団法人海洋生物環境研究所　中央研究所 研究参与

宮本　霧子（みやもと　きりこ）
東京教育大学大学院理学研究科化学専攻博士課程修了 博士
独立行政法人放射線医学総合研究所 基盤技術センター
公益財団法人海洋生物環境研究所 フェロー

村上　優雅（むらかみ　ゆか）
近畿大学農学部環境管理学科卒業
公益財団法人海洋生物環境研究所　中央研究所 海洋環境グループ研究員（執筆当時）

山田　裕　（やまだ　ひろし）
東京水産大学大学院水産学研究科修士課程修了 修士（水産学）
公益財団法人海洋生物環境研究所　中央研究所 海洋環境グループ主任研究員

山田　正俊（やまだ　まさとし）
北海道大学大学院水産学研究科 博士後期課程 単位取得退学 水産学博士
独立行政法人放射線医学総合研究所 放射線防護研究センター
弘前大学被ばく医療総合研究所
公益財団法人海洋生物環境研究所　中央研究所 研究参与（執筆当時）
公益財団法人海洋生物環境研究所 フェロー

横田　瑞郎（よこた　みずろう）
東北大学大学院農学研究科 博士前期課程修了 農学修士
公益財団法人海洋生物環境研究所　中央研究所 海洋環境グループ主幹研究員

渡邉　幸彦（わたなべ　ゆきひこ）
東京水産大学水産学部水産養殖学科卒業
公益財団法人海洋生物環境研究所　中央研究所 研究参与

内田　志穂（うちだ　しほ）
公益財団法人海洋生物環境研究所　中央研究所 職員（執筆当時）

みんなが知りたいシリーズ㉑
海洋生物と放射能の疑問 50

定価はカバーに表示してあります。

2024年9月8日　初版発行

編　者　公益財団法人海洋生物環境研究所
発行者　小川　啓人
印　刷　三和印刷株式会社
製　本　東京美術紙工協業組合

発行所　株式会社 成山堂書店

〒160-0012 東京都新宿区南元町4番51 成山堂ビル
TEL：03（3357）5861　FAX：03（3357）5867
URL　https://www.seizando.co.jp
落丁・乱丁本はお取り換えいたしますので，小社営業チーム宛にお送りください。

ISBN978-4-425-98441-1